재미있는

강재·콘크리트

이야기

CONCRETE NAZENAZE OMOSHIRO—DOKUHONN
© UEDA SHINJI, YAJIMA TETUJI, HOSAKA SEIJI, ONO HARUO
All rights reserved.
Originally published in JAPAN in 2004 by SANKAIDO CO., LTD.

Korean translation rights arranged with PARK SIHYUN
Korean translation rights © 2021 CIR. Co., Ltd.

재미있는 강재·콘크리트 이야기

우에다 신지(植田紳治),
야지마 테츠지(矢島哲司), 호사카 세이지(保坂誠治) 저
오오노 하루오(大野春雄) 감수
박시현 역

씨아이알

서 문

콘크리트는 일반주택을 비롯하여 교량, 터널, 공항, 도로, 철도, 지하철, 항만 등 다양한 사회기반시설물과 많은 토목· 건축 구조물에 이용되고 있는 중요한 건설 재료이다. 건설 재료의 쌍두마차로는 콘크리트와 강재를 들 수 있는데, 이 두 재료의 서로 다른 성질을 조화롭게 이용하여 일체화시킨 것이 철근콘크리트이다. 시멘트는 1820년대에 영국에서 발명되었으며, 철근콘크리트는 1860년대에 프랑스에서 생산되었다. 그 이후 급속하게 보급되기 시작하여 오늘날에 이르기까지 도시 및 산업 발전에 크게 공헌하고 있다.

건설 재료로써 콘크리트는 왜 이렇게 중요하게 취급되는 것일까? 콘크리트의 재료인 시멘트, 자갈, 모래, 물은 어디에서라도 쉽게 구할 수 있으며, 경제성 측면에서도 유리한 특징이 있다. 뿐만 아니라 내구성 측면에서도 온도 및 습도의 변화, 동결융해, 침투수 및 화학작용 등 여러 가지 면에서 우수한 재료라고 할 수 있다. 콘크리트에 대해 이러한 평가가 가능하게 된 것은 여러 연구자 및 기술자들에 의해 수많은 실험적 연구의 반복과 그 성과를 토대로 하고 있다는 것을 결코 잊어서는 안 된다.

사회의 발전과 함께 토목· 건축구조물은 더욱 대형화· 복잡화되면서 고도의 기술적 난문제에 대답하기 위한 노력이 반복되었다. 예를 들어, 세계

최장 현수교인 아카시대교나 원자력 발전시설, 대심도 지하구조물 등 복잡하고 중요도가 높은 구조물의 경우에는 더욱 다양한 콘크리트의 재료적 특성이 요구된다.

본 서에서는 콘크리트에 대한 소박한 질문으로부터 최첨단의 기술적인 문제에 이르기까지, 콘크리트에 대한 종합적인 이해를 도모하기 위하여 해설은 가능한 한 평이하게 하고 식은 최소한으로 제한하였으며, 하나의 질문에 대해 Q&A의 형식으로 정리하였다. 내용적으로는 시멘트를 시작으로 콘크리트의 재료적 특성, 성능 확인 방법, 설계 및 시공에 대한 이해, 프리스트레스트 콘크리트의 기초부터 활용에 이르기까지 다양한 내용을 포함하고 있다.

본 서는 토목공학의 개론서인 『재미있는 읽을거리』(감수: 오오노 하루오) 시리즈의 하나로, 대상 독자는 토목·건설계의 대학교 및 대학원, 전문대학(정보대학 포함), 공업계 고등학교, 전문학원 학생 등을 염두에 두었다. 콘크리트 관련 과목의 부교재로써 최적의 참고도서일 것으로 확신한다. 또한 콘크리트 및 강재에 관심 있는 건설기술자들의 청량제로써 일하는 짬짬이 마음 편하게 읽을 수 있기를 바란다. 마지막으로 기획에서 편집까지 도움을 주신 (주)산카이도 편집부의 쿠스베 타카시 씨에게 감사의 인사를 전한다.

오오노 하루오 씀

| 역자 서문 |

지구상에 인간이 존재하면서 경제활동의 증가와 더불어 등장한 사회기반 시설물은 그 중요성이 더욱더 증가되고 있는 실정이다. 사회기반시설물로 대표되는 터널, 교량, 댐 구조물 등은 토목공학을 기반으로 하고 있으며, 다양한 분야와 함께 서로 융합되어 설계·시공·유지관리가 이루어지고 있다.

사회기반 시설물의 중요한 건설 재료로 사용되는 것이 바로 강재와 콘크리트이며, 이 두 재료의 성능을 향상시키기 위한 다양한 방법들이 지금도 계속해서 연구·개발되고 있다. 사회가 발전해가면서 사회기반시설물도 점차 복잡화·대형화·노령화되고 있다. 이로 인해 건설 당시뿐만 아니라, 공용 시에 발생하는 각종 손상 및 열화에 의해서도 인명 피해, 경제적 손실이 지속적으로 발생하고 있다.

이러한 관점에서 이 책은 기반시설물과 관련된 기술자들이 반드시 이해하고 있어야만 하는 강재 및 콘크리트의 재료적 특성 등에 대하여 일본 서적을 국내의 정황에 맞추어 일부 각색하여 출간한 것이다.

콘크리트가 개발되어 사용된 지 어느새 150여 년이 흘렀다. 콘크리트는 건설 재료로서 가장 활발히 사용되고 있으며, 아직까지도 더 효과적인 대체 재료가 없는 실정이다. 콘크리트는 강재와 함께 사용함으로써, 철근·

철골 콘크리트, 프리스레스트 콘크리트가 되어 건설기술을 획기적으로 발전시켰다. 값싼 재료지만 인장력에 취약한 콘크리트의 단점을 보완하고, 인장력이 탁월하지만 비싸고 녹슬기 쉬운 강재를 서로 함께 사용함으로써 환상의 콤비를 이루어낸 것은 인류가 찾아낸 눈부신 성과 중에 결코 빠지지 않을 것이다.

약 5년간의 일본에서의 유학생활을 통해 섬세하고 세부적인 업무 태도를 일상 경험하면서 기술자로서 그리고 연구자로서의 자질을 다듬어왔다. 전공인 토목공학 분야의 서적들에서도 그들만의 디테일한 표현들을 곳곳에서 발견할 수 있었다. 유학생활을 마무리하면서 본인이 직접 경험한 이러한 내용들을 우리나라 기술자들에게도 공유하고 싶은 마음을 갖고 고민하고 있던 중 시리즈로 출판된 적당한 책을 발견하게 되었다. 그것이 바로 지금까지 번역 출판한 '재미있는 흙 이야기', '재미있는 터널 이야기', '재미있는 교량 이야기'다. 현업에 종사하면서 틈틈이 시간을 내어 번역하다 보니 이제야 마지막 책인 '재미있는 강재·콘크리트 이야기'를 마무리하게 되었다. 이번 책은 원저의 제목과 달리 강재를 추가함으로써 콘크리트에 관한 기존 책들과 차별화를 두었다.

이 책은 강재 및 콘크리트의 활용상의 특성을 섬세하고 세부적으로 기술하고 있어 공학적 능력 배양에 크게 도움이 될 것이며, 구조물의 생애 이력에 대한 특성 변화를 이해하는 데에도 활용할 수 있을 것으로 기대된다. 특히, 건설분야 초·중·고급 기술자로부터 대학교·공업고등학교 재학생에 이르기까지 누구나 쉽게 읽고 이해할 수 있도록 설명하고 있다.

토목공학을 전공하고 실제 현업에 종사하는 전문기술인의 한 사람으로서, 이 책을 통해 토목공학 관련 기술자들이 강재 및 콘크리트에 대한 새로운 이해와 전문성, 흥미를 가지게 되기를 진심으로 바란다. 이번에 발간하는 책에서도 의미가 모호했던 일본어 검색을 옆에서 도와준 아내와 세 명의 자녀를 코믹하게 책 표지로 그려낸 첫째인 큰딸을 비롯하여 사랑하는 가족들에게 늘 고마운 마음을 전하며, 특히 책이 발간되도록 아낌없는 지원을 해주신 도서출판 씨아이알에 깊이 감사드린다.

2021년 5월

박시현 씀

목차

1 콘크리트의 재료

② 다양한 콘크리트

목차

3 강재·콘크리트의 중요한 성질

4 콘크리트 구조물의 설계와 시공

5 프리스트레스트 콘크리트의 기본

6 프리스트레스트 콘크리트의 이용

콘크리트의 재료

1 콘크리트의 재료

Q 시멘트는 언제부터 사용하기 시작했는가?

시멘트라는 말은 원래부터 물건과 물건을 결합한다는 의미가 있으며, 넓게 본다면 종이를 붙이는 풀, 아교, 세메다인, 금속을 서로 붙이는 납땜 등도 모두 시멘트에 포함된다고 할 수 있다. 그러나 현재는 일반적으로 토목구조물과 건축물 등에서 물과 함께 반응하여 경화하는 무기질의 결합 재료를 말한다.

무기질 결합재로는 도자기를 만들 때 사용하는 점토처럼 물과 섞으면 굳어지며 건조한 후에는 강도가 발현되는 '점토 모르터'가 있는데, 이것이 가장 오래전부터 사용되었던 시멘트라고 여겨진다. 약 5,000년 전에 건설된 이집트 피라미드 등 석조 건축물에서 석재들을 서로 접합시키는 재료로 사용된 것이 '석고 모르터'인데, 이것은 점토 모르터와 불에 구운 석고를 물에 함께 푼 것이다.

일반적으로 석고로 이용되는 것은 천연으로 존재하는 결정 석고($CaSO_4$ $2H_2O$, 이수석고)를 불에 구어서 결정수 일부를 제거한 구운 석고($CaSO_4$

1/2H_2O, 반수 석고)이다. 이것은 물을 흡수하기 쉽고 원래의 형태로 되돌아가기 쉬운 성질이 있으며, 또 원래의 복잡한 결정구조로 되돌아가려고 단단해지기 때문에 석재와 석재를 서로 연결시키는 풀로서의 역할을 한다. 그러나 이 수화물은 물에 쉽게 풀어지며 공기 중에서만 안정하기 때문에 '기경 시멘트, air-hardening cement'라고 하기도 한다.

그리스·로마 시대의 고대 로마 건축물인 콜로세움은 기둥과 기둥 사이에 구운 벽돌을 표면에 쌓아올리고 그 내부에 모르터를 채워 넣어 벽을 만들어서 일체화시킨 구조물이다('Testaceum 구조'라고도 함). 이 모르터는 석회암(주성분은 $CaCO_3$)을 약 900°C로 구워서 생석회(CaO)를 만들고, 이것에 물을 가해서 소석회($Ca(OH)_2$)로 만든 후 다시 화산재를 혼합하여 만든 것이다. 이 구조물이 석회석을 구워서 만든 소석회가 시멘트로 사용되기 시작한 사례이다. 화산재를 첨가함으로써 매우 견고한 모르터를 얻을 수 있게 되었고 내수성을 가지게 되었기 때문에, 일종의 '수경성 시멘트, 물과 함께 경화되는 성질을 가지고 있는 시멘트'라고도 할 수 있다.

이와 동일한 구조 양식의 건축물 석재 표면에 동일한 종류의 모르터를 사용한 Reticulatum 구조의 건축물이, 비극의 고대도시 폼페이의 건물 유적에서 많이 발견되었다.

그 후 고대 그리스·로마 시대부터 근대 18세기에 이르기까지는 결합 재료로써 시멘트 역사는 큰 발견이나 진전이 없었다. 그러나 18세기 중반경 영국인 토목기사 John Smeaton이 내수성 높은 모르터에 대해 연구하여, 점토분을 다량 함유한 석회석으로 만들어진 소석회와 화산재를 혼합함으로써 내수성이 높은 시멘트가 얻어지는 것을 발견하게 되었다. 이어서 1796년 영국인 James Parker에 의해 점토분을 함유한 석회석을 가마에 구운 후 분쇄하여 시멘트를 만드는 방법을 개발하였으며, 이를 로마 시멘트라고 이름 붙였는데, 이전보다 훨씬 사용하기가 편리해졌다.

Q 포틀랜드 시멘트는 어떻게 만드는가?

1824년 영국 리즈에서 벽돌 장인인 Joseph Aspdin은 시멘트 제조 방법에 대한 특허를 얻었다. 이 방법에 의해 만들어진 시멘트는 경화 후의 색체가 영국 남부의 Portland섬에 있는 석회석과 닮았기 때문에 이 시멘트를 '포틀랜드 시멘트'라고 명명하게 되었다.

그러나 Joseph Aspdin보다 이전인 1811년에 영국인 James Frost가 석회석과 점토를 적당한 비율로 섞어서 분쇄하고 이를 가마에서 소성시킨 후에 다시 분쇄하는 시멘트 제조 방법의 특허를 얻었다. 또한 1818년에는 프랑스인 Louis Joseph Vicat이 석회석과 점토를 잘게 부수어서 고온으로 소성하여 미분말로 분쇄함으로써, 수경성이 높은 시멘트가 얻어진다는 것을 논문으로 발표하였다.

이러한 경위로 인해 Aspdin이 포틀랜드 시멘트의 발명자라고 할 수 있는지에 대해서 관계자들 간의 협의를 거친 결과, 결국에는 그를 발명자로 인정하여 포틀랜드 시멘트 발명 100주년 기념식에서 영국 리즈 지방에 기념비를 설치하기에 이르렀다.

그의 제조 방법은 석회석을 분쇄하고 구워서 생석회로 한 후에, 일정한 비율로 점토를 혼합하여 물을 가해 미분말로 분쇄하여 건조한 것을 가마에서 소성하여 다시 미분말로 분쇄하여 시멘트로 하는 방법이다. 이는 현재의 시멘트 제조 방법과 거의 동일하지만, 원료의 소성온도가 현재의 1,450°C에 비해 낮고(1,000~1,200°C 정도), 현재의 포틀랜드 시멘트의 품질과도 많은 차이가 있다고 할 수 있다.

포틀랜드 시멘트의 원료는 석회석(주성분은 $CaCO_3$ 탄산칼슘)과 점토이며, 여기에 약간의 산화철(Fe_2O_3 산화제2철), 규석(주성분은 SiO_2 실리카, 이산화규소)가 포함되어 있다. 점토의 주성분은 실리카, 알루미나(Al_2O_3 산화알루미늄)이고, 그 외에 산화철, 수분 등이 포함되어 있으며, 점토만

으로도 필요한 산화철 및 규석 성분이 포함되는 경우에는 특별히 추가할 필요가 없다.

시멘트 1톤을 만들기 위해 필요한 원료는 개략적으로 석회석 1.14t, 점토 0.23t, 산화철 0.03t, 규석 0.05t, 이들의 응결(시멘트와 물이 반응하여 단단하고 견고해지는 상태) 시간을 늦추어주는 목적으로 첨가하는 석고 0.035t이다. 합계가 1t 이상이 되는 이유는 소성하게 되면 원료 중에 포함되어 있던 수분 및 석회석이 분해하여 탄산가스로 소실되기 때문이다.

시멘트 원료의 대부분을 차지하는 석회석은 한국 및 일본 각지에 넓게 분포하고 있으며 품질도 세계적으로 우수하다. 석고는 천연석고와 화학공업의 부산물인 화학석고가 있으며, 천연석고는 약간씩 수입하고 있는 실정이다. 소성을 위한 연료로는 중유가 주로 사용되고 있는데, 최근에는 석탄도 많이 사용하고 있다. 한편 에너지 절약의 관점에서 폐타이어 및 건설폐자재의 유효한 이용을 목적으로 한 다양한 연구가 진행되고 있다.

Q 시멘트의 제조 공정은 어떠한가?

1824년 영국인 Joseph Aspdin에 의해 포틀랜드 시멘트가 발명된 후 약 50년이 경과한 1873년에 일본 동경의 후쿠가와에 처음으로 국가에서 운영하는 국영 시멘트 공장이 만들어졌다.

다음은 일본에서의 시멘트 제조와 관련된 중요한 역사를 정리한 것이다.

- 1875년 포틀랜드 시멘트 제조 성공. 습식법의 수직 가마
- 1903년 회전가마(직경 1.83m) 수입. 건식법. 월 생산량 1,500t

• 1933년 원료 균질도 향상을 위해 습식법 채용. 원료 절약과 가마의 소성능력 증가 등의 문제점을 해결. 습식법 완성
• 1934년 건식법의 개량형인 반습식법이 독일에서 개발됨. 레폴 가마 도입
• 1954년 습식의 로타리 가마(Rotary kiln) 채용(120m). 일 생산량이 500t에서 1,000t으로 향상
• 1963년 서독일에서 개발한 SP kiln(Suspension preheater가 붙여진 kiln)을 도입. 열효율 향상. 건식법으로 대형화되었으며, 이후의 가마에서 주류가 됨(일 생산량 3,000t)
• 1971년 예열 장치와 가마 사이에 유동층 소성로를 설치한 NSP 가마가 일본에서 개발되어 에너지 절약형 시대에 발맞춘 최신의 제조 기술로써 세계에서 주목받게 됨

NSP 가마 도입 후에도 제조기술은 큰 발전을 거듭하여, 대형화·단순공정화·자동화·에너지 절약화·공해 방지화 등으로 기술 발전이 계속되고 있다.

이렇게 발전한 현재의 제조 공정에 대해 포틀랜드 시멘트의 예를 다음

그림에 그 흐름도로 나타내었다.

원료의 조합 공정에서는 각 원료를 적절한 비율로 혼합하여 원료 건조기 및 분쇄기에서 원료를 건조 및 분쇄(조립·미분말)하여, 혼합물의 성분을 조정한 후 원료 사일로에 저장한다.

조정된 원료는 회전가마(Rotary kiln)에서 소성시킨다. 원료는 예열장치, 유동층 소성로를 통과하여 회전가마로 들어가며, 1,450°C의 온도로 소성시켜가면서 가마로부터 밖으로 나오면서 급냉시킨다. 이렇게 구워진 검은 덩어리를 클링커라고 하며, 여기에 3~5%의 석고를 첨가하여 미분말로 분쇄하면 시멘트가 완성된다.

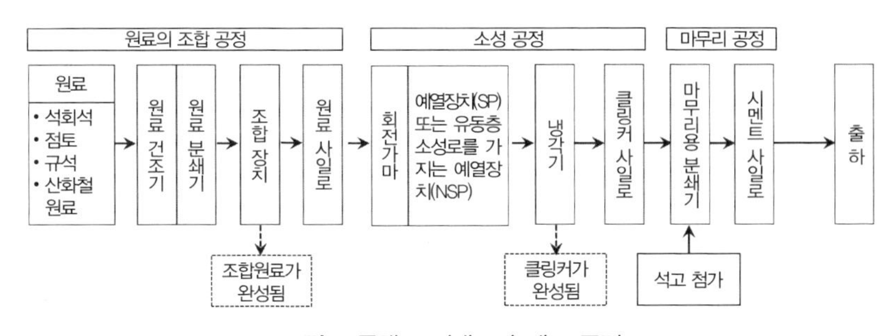

그림 포틀랜드 시멘트의 제조 공정

시멘트는 왜 굳어지는가?

포틀랜드 시멘트는 석회석과 점토 등의 재료를 회전가마 속에서 1,450°C의 고온으로 소성하여 만든다. 이러한 소성 중에 이들 원료의 성분인 탄산칼슘($CaCO_3$), 이산화규소(SiO_2), 산화알루미늄(Al_2O_3), 산화제2철(Fe_2O_3)은 각각이 각 단계의 소성온도에서 반응하여 서로 성질이 다른 4개의 중요한 화합물을 생성한다.

시멘트의 성질은 이렇게 생성된 화합물의 혼합비율에 크게 달라진다. 생성된 주요 화합물과 그 특성을 다음 표에 정리하였다.

표 주요 화합물의 특성

특성		규산3석회 (C_3S)	규산2석회 (C_2S)	알민산 3석회 (C_3A)	알민산철 4석회 (C_4AF)
강도 발현	단기	대	소	중	소
	장기	대	대	소	소
수화열		대	소	매우 큼	중
화학저항성		중	대	소	중
건조수축		중	소	대	소

C_3S: $3CaO \cdot SiO_2$, C_2S: $2CaO \cdot SiO_2$
C_3A: $3CaO \cdot Al_2O_3$, C_4AF: $4CaO \cdot Al_2O_3 \cdot Fe_2O_3$

시멘트 입자는 물과 접하게 되면 시멘트를 구성하는 주요 화합물과 물이 서로 반응하여 새로운 수화생성물이 만들어지는데, 이것이 시멘트 페이스트의 경화체가 된다. 이러한 시멘트 화합물과 물과의 반응을 수화반응이라고 한다.

시멘트에 물을 가하여 굳어지기 위한 하나의 조건으로는, 이 수화생성물이 물에 녹지 않는 안정된 것이어야 한다는 점이다.

포틀랜드 시멘트의 수화반응은 개략 다음과 같다.

1) $2C_3S + 6H_2O \rightarrow \underline{3CaO \cdot 2SiO_2 \cdot 3H_2O} + 3Ca(OH)_2$
규산칼슘수화물

2) $2C_2S + 4H_2O \rightarrow 3CaO \cdot 2SiO_2 \cdot 3H_2O + \underline{Ca(OH)_2}$
수산화칼슘

3) $C_3A + 6H_2O \rightarrow \underline{3CaO \cdot Al_2O_3 \cdot 6H_2O}$
알루민산 칼슘수화물

4) $C_4AF + 10H_2O + 2Ca(OH)_2 \rightarrow 3CaO \cdot Al_2O_3 \cdot 6H_2O$
$+ 3CaO \cdot Fe_2O_3 \cdot 6H_2O$

C_3A의 수화반응 속도는 빠르고 순간적으로 굳게 되기 때문에(순결이라고 함), 석고가 첨가되어 있는 경우에는 다음의 반응이 일어난다.

5) $C_3A + 3CaSO_4 + 32H_2O \rightarrow \underline{3CaO \cdot Al_2O_3 \cdot 3CaSO_4 \cdot 32H_2O}$
칼슘 설포 알루미네이트

이 수화생성물이 C_3A의 표면을 덮어서 반응을 지연시킨다.

이렇듯이 시멘트와 물을 섞으면 서서히 수화물이 생성되어 시멘트 입자 간의 공극은 수화물과 수산화칼슘의 결정에 의해 밀실하게 채워져서 경화가 진행되는 것이다.

Q 시멘트는 연간 어느 정도 생산되는가?

시멘트 생산고의 추이를 다음 그림에 나타내었으며, 1960년대 후반부터 1970년대 후반에 걸쳐서 일본의 국가정비사업으로 인해 신칸센, 고속도로, 댐 등의 건설공사가 급격하게 늘어나게 되어, 1979년에는 8,794만 톤으로 최고를 기록하였다. 그 후 경제는 안정저성장기로 이동하면서 점차적으로 생산고가 감소하는 경향을 보이고 있다. 그러나 1986년도 이후에는 엔화 강세를 배경으로 일본 내 내수 확대의 호경기 영향으로 다시 생산이 증가하여, 1995년도에는 9,150만 톤으로 사상 최고 기록을 갈아치우는 실적을 보였다(2000년대 현재의 일본 내 시멘트 생산량은 매년 약 9,000만 톤 정도이다).

그림 시멘트 생산량의 변화

이 시기는 간사이국제공항, 아카시대교 앵커리지와 같은 구조물의 대형화 및 고층화가 진행되었기 때문에 콘크리트의 고강도·고유동성·고내구성 등의 고성능화가 요구되어, 플라이애쉬 및 고로 슬래그를 혼합한 다성

분계의 저발열·초저발열 시멘트 개발이 크게 진전되었다.

시멘트의 종류별 생산고 구성비에는 보통 포틀랜드 시멘트가 감소하고, 혼합 시멘트, 특히 고로 시멘트의 증가 비율이 높아져서 1995년도에는 약 18%(구성 비율)를 차지하게 되었다. 이러한 이유는 자원 절약형 및 에너지 절약형뿐만 아니라, 고로 슬래그에 대한 알칼리 골재반응의 억제 효과 및 해수에 대한 우수 저항성, 저발열성의 경화작용 등이 널리 인식되었기 때문이다. 더욱이 공장제품 및 한중 콘크리트 등의 요구로 인해 조기강도 및 공기 단축을 요구하는 조강·초조강 포틀랜드 시멘트도 해마다 생산비율이 높아지게 되었다.

다음 표에는 시멘트 수요 부문별 판매 실적의 사례를 나타낸 것이다. 레미콘 5,643만 톤, 시멘트 제품 1,157만 톤으로 합계 6,800만 톤이 전체의 약 85%를 차지하고 있다.

표 시멘트 수요 부문별 판매실적(1995)

부문별 \ 항목	판매 실적(t)	구성비(%)
철도	83,750	0.1
전력	178,298	0.2
시멘트 제품	11,579,076	14.5
레미콘	56,432,033	70.7
항만	336,112	0.4
도로·교량	361,397	0.5
토목	4,324,579	5.4
건축	1,596,808	2.0
단독주택용	57,344	0.1
그 외	4,838,714	6.1
국내 계	79,788,111	100.0 (85.6)*
수출	13,389,150	(14.4)*
합 계	93,177,261	(100.0)*

주) *는 합계를 100으로 한 경우의 구성 비

Q 시멘트 종류에는 어떤 것들이 있는가?

포틀랜드 시멘트의 종류는 다음 표에 나타낸 다섯 종이 있으며, 각각에는 알칼리 골재반응 방지를 목적으로 한 저알칼리형 다섯 종을 더하여 열 종류가 있다. 또한 각종 포틀랜드 시멘트의 성질은 다음 표에 나타낸 주요 화합물의 혼합 비율에 의해 달라진다.

각종 시멘트에 대한 주된 성질과 용도를 간단하게 설명하면 '보통 포틀랜드 시멘트'는 범용성이 높아서 일반 콘크리트 공사용으로 사용된다. '조강 …'는 '보통 …'의 재령 3일 압축강도를 1일 만에 발현한다. '초조강 …'는 '보통 …'의 재령 7일 압축강도를 1일 만에 발현하며, 콘크리트 제품, 긴급공사·동절기 공사, 그라우팅용에 사용되고 있다. '중용열 …'는 강도 발현 속도가 늦지만 발열량이 적고, 그럼에도 불구하고 장기강도가 크며, 치밀한 경화체의 조직이 얻어지는 특징이 있기 때문에 댐과 같은 매스콘크리트 구조물, 도로·공항의 주차장이나 주기장(에이프런) 포장용에 사용되고 있다. '내황산염 …'은 화학 저항성이 높기 때문에, C_3A를 4% 이하로 억제하여 해양구조물 및 해수에 접하는 항만시설, 화학공장, 온천지역 공사용 등에 사용되고 있다.

혼합 시멘트는 포틀랜드 시멘트에 혼화재를 첨가한 것인데, 일반적으로 고로·실리카·플라이애쉬 시멘트의 세 종류로 구성되어 있으며, 통상적으로 사용되는 것은 고로 및 플라이애쉬 두 종류이다. 혼합 시멘트는 일반적으로 보통 포틀랜드 시멘트보다 단기 재령에서의 강도 발현은 작지만, 3개월 이상의 장기간에는 이를 상회하는 강도를 보인다. 특히 고로 시멘트는 혼화재로써 고로 슬래그 미분말을 사용한 것이기 때문에 조밀한 경화체 조직을 얻을 수 있어서 수밀성·내해수성·화학저항성이 우수하여 댐 등의 콘크리트 및 수리·해안구조물, 하수도·수처리시설 등의 공사에 사용되고 있다. 플라이애쉬 시멘트는 플라이애쉬를 혼합한 것인데, 배합 시 단위수량을 적게 할 수 있기 때문에 건조 수축이나 수화열이 적고 알칼리 골재 반응이 발생하기 어려운 특징이 있다. 용도는 고로 시멘트와 거의 동일하다.

기타 특수 시멘트 종류로는 다음과 같은 것들이 있다.

① 초속경 시멘트, 알루미나 시멘트(초속 경화성, 긴급 공사용)
② 초미분말 시멘트(암반, 지반 등의 주입용, 균열 보수용)
③ 저발열형 시멘트(대형 교량의 하부 구조물, 댐, 지중 연속벽체용)
④ 팽창 시멘트(팽창재, 실드터널의 뒷채움 주입·그라우팅용)
⑤ 유전 및 지열 관정용 시멘트(케이싱 관의 고정·충전용)

표 포틀랜드 시멘트의 종류 및 주요 화합물

포틀랜드 시멘트의 종류	규산3석회 (C_3S)	규산2석회 (C_2S)	알민산 3석회 (C_3A)	알민산 철 4석회 (C_4AF)
보통 포틀랜드 시멘트	50	25	9	9
조강 포틀랜드 시멘트	65	11	8	8
초조강 포틀랜드 시멘트	68	6	8	8
중용열 포틀랜드 시멘트	42	36	3	12
내황산염 포틀랜드 시멘트	63	15	1	15

비고: 1. 보통 포틀랜드 시멘트에는 혼화 재료를 제외한 양임
2. 합계가 100%가 되지 않는 것은 MgO, Na_2O, K_2O 등의 미량성분을 가산하지 않고 있기 때문

Q 시멘트는 왜 시간이 경과하면 품질이 저하되는가?

포틀랜드 시멘트를 공기 중에 방치하거나 종이 포장지와 같은 통기성 용기에 넣어 장기간 저장하면, 공기 중의 수분 및 이산화탄소와 반응하여 품질이 점차 저하한다. 이것이 바로 시멘트의 풍화다.

시멘트의 풍화 메커니즘과 품질 저하를 다음과 같이 정리할 수 있다.

① 시멘트 속의 유리석회(free CaO) 및 규산3칼슘(3CaO·SiO_2)이 공기 중의 수분(H_2O)을 흡수하면서 반응하면, 수산화칼슘 '$Ca(OH)_2$'을 생성한다.

② 수산화칼슘과 공기 중의 이산화탄소(CO_2)와의 사이에 반응이 발생하여, 탄산칼슘($CaCO_3$)과 물이 생성된다.

결국 시멘트의 풍화는 ①의 완만한 수화반응과 ②의 탄산화반응에 의해 일어나는 것이다. 이 과정에서 발생하는 탄산칼슘(시멘트 속의 일부분이 원료인 석회석이 됨)에 의해 시멘트 입자의 표면이 피복되기 때문에 시멘트 속의 수경성 화합물의 반응성이 저하되는 것이라고 알려져 있다. 또한 ①과 ②의 반응 결과로 물이 생성되기 때문에, 이 반응은 반복적으로 진행된다.

시멘트가 풍화하면 강열감량이 증가하여 비중이 작아져서 응결이 늦어지게 되며, 더욱이 강도도 풍화 정도와 함께 점차적으로 저하된다. 시멘트를 일반적인 창고에 3개월 이상 저장하면 20~30%에 이르는 강도 감소가 발생한 실험 결과도 있다.

토목학회 콘크리트 표준시방서에는 시멘트의 저장방법에 대해 다음과 같이 규정하고 있다.

① 시멘트는 방습적인 구조를 가지는 사일로 또는 창고에 그 품종별로 구분하여 저장하지 않으면 안 된다.

② 장기간 저장한 시멘트인 경우에는 이를 사용하기 전에 시험을 실시하여 그 품질을 확인하지 않으면 안 된다.

③ 이하는 생략

또한 표준시방서의 해설서에는 포대에 채워 넣은 시멘트의 경우에는 습기 방지를 위해 지상 30cm 이상의 바닥 및 벽에 직접 접촉하지 않도록 적재하여야 한다. 자중에 의해 하부의 시멘트가 고결될 염려도 있기 때문에, 쌓아올리는 높이는 13포대 정도 이하로 정하고 있다. 뿐만 아니라 저장 중에 덩어리가 생긴 경우에는 이를 사용해서는 안 되며, 장기간 저장에 의해 습기를 포함한 것으로 의심되는 시멘트에 대해서는 덩어리가 발생되지 않았더라도 시험을 실시하여 그 사용 여부를 판단할 필요가 있는 것으로 정하고 있다.

Q 포틀랜드 시멘트가 널리 사용되는 이유는 무엇인가?

일반적으로 어떤 재료에 필요한 성질은 그 재료로 만들어지는 것에 요구되는 성질을 만족하지 않으면 안 된다. 포틀랜드 시멘트는 시멘트 단독으로 사용되는 것은 거의 드물며, 일반 건설공사용 콘크리트나 각종 공장 제작용의 콘크리트로써 널리 사용되고 있다.

포틀랜드 시멘트가 널리 사용되는 이유와 요구되는 성질은 다음과 같다.

① 역사가 오래되어 사용자들에게 친숙한 점

② 토목구조물은 작용하는 하중에 대하여 충분히 안전해야 하기 때문에, 저항에 필요한 강도가 요구되며 그에 대응할 만큼 강도가 큰 점

③ 사회기반을 구축하는 구조물·시설은 장기간 동안 외부의 가혹한 환경에서 견뎌내는 것이 요구되며, 실제적으로 내구성이 큰 점

④ 토목구조물은 규모가 크기 때문에 특히 가격이 높지 않을 것

⑤ 각종 콘크리트 구조물을 만들 때 작업성이 우수한 점

⑥ 시멘트의 사용 방법이 매우 단순하고, 어떠한 형태의 구조물 및 공장 제품이라도 용이하게 제작이 가능한 점

⑦ 언제 어디서든지 쉽게 구할 수 있는 점

이상과 같은 요구사항에 충분히 대응 가능한 시멘트의 특징은, 본질적으로는 분말 형상인 시멘트가 물과 반응하여 수화생성물로 변화하고, 그 수화물이 상호 결합하여 견고한 경화체가 된다는 것이다. 또한 시멘트 페이스트는 모래, 자갈 등의 골재와 철근과의 부착강도도 크며, 서로 일체가 되어 강도 및 내구성이 높은 재료가 되는 성질을 가지고 있다.

포틀랜드 시멘트의 성질을 조사하기 위해서는 일정한 방법으로 시험을 실시해야 하는데, 우리나라에서는 한국산업규격(KS)에서 규정하고 있다. 그 예로는 KS L ISO 679 시멘트의 강도 시험 방법, KS L 5120 포틀랜드 시멘트의 화학 분석 방법, KS L 5121 시멘트의 수화열 측정 방법 등이다. 다음 표는 포틀랜드 시멘트의 품질 규정을 정리한 것이다.

표 포틀랜드 시멘트의 품질 규격(KS L 5201)

품질 \ 종류		1종 (보통)	2종 (중용열)	3종 (조강)	4종 (저열)	5종 (내황산염)
비표면적(cm²/g)		2,800 이상	2,800 이상	3,300 이상	2,800 이상	2,800 이상
응결	초결(min)	60 이상	60 이상	45 이상	60 이상	60 이상
	종결(h)	10 이하	10 이하	10 이하	10 이하	10 이하
안정도	오토클래브 팽창도(%)	0.8 이하	0.8 이하	0.8 이하	0.8 이하	0.8 이하
	르샤틀리에(mm)	3.0 이하	3.0 이하	4.5 이하	3.5 이하	3.0 이하
압축 강도 (N/mm²)	1일	-	-	10.0 이상	-	-
	3일	12.5 이상	7.5 이상	20.0 이상	-	10.0 이상
	7일	22.5 이상	15.5 이상	32.5 이상	7.5 이상	20.0 이상
	28일	42.5 이상	32.5 이상	47.5 이상	22.5 이상	40.0 이상
	91일	-	-	-	42.5 이상	-

Q 혼화 재료인 혼화재와 혼화제는 어떻게 다른가?

시멘트, 물, 모래, 자갈(전문용어로는 세골재, 조골재라고 함)의 4개의 재료를 혼합하게 되면 콘크리트가 된다. 이때 콘크리트에 소요의 성질을 부여하거나 개선하고자 하는 경우에는 다른 재료를 추가할 필요가 있는데, 이때 부가적으로 추가하는 재료를 혼화 재료라고 한다.

콘크리트 표준시방서에 혼화 재료란 "시멘트, 물, 골재 이외의 재료로써, 타설하기 전에 필요에 따라 각종 성질의 향상을 위해 시멘트 페이스트, 모르터, 또는 콘크리트에 가하는 재료"로 정의하고 있다.

일반적으로 혼화 재료는 그 사용량의 대소에 따라 '혼화재'와 '혼화제'로 구분한다. '재'는 그 사용량이 비교적 많아서 그 자체의 용적이 콘크리트의 배합 계산에 관계하는 것을 말한다. 반면에 '제'는 그 사용량이 적기 때문에, 그 자체의 용적으로는 콘크리트 배합 계산에 무시될 수 있는 것으로 정의되어 있다.

그러나 이 정의는 편의상의 정의일 뿐이며, 통상적으로는 사용량이 시멘트의 1% 정도 이하이면 약품처럼 사용되는 것이기에 '제'를, 5% 정도 이상이면 '재'로써 사용되고 있다. 또한 '제'는 첨가를 너무 많이 하면 오히려 역효과가 발생하는 경우가 많기 때문에 주의가 필요하고, '재'는 그 반대

로, 사용량 이하에서는 거의 효과를 발휘하지 않는 것이 특징이다.

혼화 재료를 각각 기능별로 분류하면 다음 표에 나타낸 것들이 있다.

표 혼화 재료의 종류와 기능 및 용도

	혼화 재료의 종류	기능 및 용도
혼화제	AE제, AE 감수제	공기 방울을 도입하여, 워커빌리티 및 동결융해 작용에 대한 내구성을 향상시킨다.
	감수제, AE 감수제	시멘트를 분산시켜(공기 방울을 도입하여), 소요의 단위수량이나 단위시멘트량을 감소시킨다.
	고성능 AE 감수제, 고성능 감수제	감수제, AE 감수제에 비교하여, 더 큰 감수성능에 의해 큰 폭의 강도 증가와 슬럼프 유지성능을 가지며 내동해성도 개선시킨다.
	유동화제	배합 및 경화 후의 품질을 변화시키지 않고 감수효과를 이용하여 유동성을 개선한다.
	촉진제, 급결제, 지연제, 타설이음용 지연제	응결, 경화시간을 조절한다.
	방청제	염화물에 의한 강재의 부식을 억제한다.
	기포제, 발포제	기포 발생에 의해 충전성 및 경량화 향상을 도모한다.
	수중불분리제, 펌프압송조절제, 증점제	점성 및 응집력 향상에 의해, 재료 분리를 억제한다.
	수축저감제, 수화열 억제제, 방수제, 보수제, 중성화 억제제	그 외에 명칭과 같은 효과를 나타낸다.
혼화재	플라이애쉬, 실리카흄, 화산재, 규산백토, 규조토	포졸란 작용을 가진다.
	고로 슬래그 미분발	잠재수경성을 가진다.
	팽창재, 수축저감재	경화과정에서 팽창을 야기한다.
	고강도 혼화재, 규산질미분말	증기·오토클래이브 양생에 의해 고강도를 유도한다.
	착색재	착색 효과를 가진다.

Q 혼화 재료는 어떠한 과정에서 개발된 것인가?

모든 기술은 그 시대의 사회적 요청에 의해 진보·발전한 것이며, 동시에 재료의 고성능화 및 신재료 개발을 촉진하여 시공기술 및 시공기계의 진보와 연동하여 발전한다.

마찬가지로 콘크리트의 제조기술은 구조물의 대형화·장대화·고층화와 더불어 자동화·공정의 단순화·에너지 절약화 등이 요구되어, 신속한 경화성, 수축성 및 수화열의 저감, 고강도 및 고내구성 등의 다양한 요구에 의해 발전하고 있다.

일본에서의 혼화 재료 역사는 제2차 세계대전 이후 AE제의 도입과 플라이애쉬의 사용 및 보급에 의해 시작된 것으로 알려져 있다.

그 후 1955~1965년에 촉진제(염화칼슘은 오래전부터 사용), 응결지연제 그리고 프리팩트 콘크리트의 도입과 함께 그라우팅제, 발포제, 현장타설 기포 콘크리트의 도입에 의한 기포제가 사용되면서, 팽창재 및 방청제의 연구·개발도 시작되었다. 1965년 이후에는 유동화제, 수축 저감제, 수화열 억제제, 수중 불분리성 혼화제, 고강도 혼화재, 고성능 AE 감수제, 초미분말 충전재의 내구성 향상, 시공의 합리화, 신공법 적용 등을 배경으로 개발이 진행되었다.

그리고 1982년에 AE제, 감수제 및 AE 감수제를 대상으로 한 일본공업규격 JIS A 6204 '콘크리트용 화학 혼화제'와 방청제에 대해서도 JIS A 6205 '철근콘크리트용 방청제'가 각각 제정되었다. 고성능 감수제·유동화제에 대해서는 1983년 일본토목학회에서 '콘크리트용 유동화제 품질 규격'을 제정하였으며, 일본건축학회에서도 같은 해에 품질 기준을 정하였다.

고성능 감수제는 당초 콘크리트 공장 제품이 사용되어, 압축강도가

1,000kgf/cm^{2}에 달하는 고강도 콘크리트가 제조되었는데, 슬럼프 로스가 큰 이유로 인해 현장타설 콘크리트에는 그다지 이용되지 않았다. 현장에서 이용된 것은 개발한지 10년이 경과한 후에 유동화제로써 사용법이 도입되면서부터였다.

유동화제로써의 사용은 경화 콘크리트의 성질을 저하시키지 않으면서 슬럼프가 큰 콘크리트의 제조가 가능하게 된 점이 획기적인 것이었다. 또한 고성능 감수제는 1981년에 도입된 수중 불분리성 혼화제와 조합하여, 대량의 콘크리트를 수중에 직접 타설하는 것이 가능해졌으며, 종래의 프리팩드 콘크리트를 대신하여 아카시대교의 교각부나 대규모의 수중 콘크리트 공사에 적용되었다.

한편 혼화재 중에서 플라이애쉬는 1958년 일본공업규격 JIS A 6201 '플라이애쉬' 그리고 팽창재는 1980년 JIS A 6202 '콘크리트 팽창재'로 각각 제정되었다. 고로 슬래그 미분말에 대해서는 1986년 일본토목학회 '콘크리트용 고로 슬래그 미분말 규격'으로 제정되어 있다.

Q 혼화 재료인 AE제를 사용하면 어떠한 효과가 나타나는가?

AE제는 Air Entraining agent라고 하며 그 첫 글자를 취하여 이름 붙인 것으로써, 중성 수지산염 등의 기포작용에 의해 콘크리트 $1m^3$ 속에 수천억 개나 되는 독립된 공기 방울을 균질하게 분포시키는 일종의 계면활성제이다. 계면활성제의 역할은 용액 중의 액체－기체, 액체－액체 또는 액체－고체 등의 두 물질이 상호 접촉하는 경계면에 흡착하여, 경계면의 성질을 변화시키는 작용을 한다. 콘크리트용 계면 활성제가 나타내는 중요한 작용으로는 기포·분산·습윤작용 등이 있다.

이 연행된 공기 방울을 엔트레인드 에어라고 하며, 이를 포함한 콘크리트를 AE 콘크리트라고 정의하고 있다. 엔트레인드 에어는 직경 20~200μm 정도의 크기를 가지는 구형의 기포로써, 적정 공기량은 조립재의 최대치수 등에 의해 달라지는데, 일반적으로는 콘크리트 용적의 4~7% '엔트랩드 에어(잠재공기)와 엔트레인드 에어(연행공기)의 합계'의 범위가 일반적이다.

AE제를 사용하면 다음과 같은 효과가 있다.

① 워커빌리티 개선 및 단위수량의 감소

공기 방울이 시멘트 입자 및 잔골재 주변을 돌아다니면서 마치 볼베어링과 같은 역할을 하면서 콘크리트의 유동성을 증가시켜, 워커빌리티(재료의 분리저항성, 콘크리트의 타설성)를 개선한다.

결과적으로 동일 슬럼프(연한 정도)의 콘크리트를 얻을 수 있기 때문에, 단위수량 및 블리딩 수(떠오르는 물)가 감소한다. 또한 공기량을 1% 증가시키면 슬럼프가 2~2.5cm 증가하며 수량은 2~4% 감소시킬 수 있다.

② 경화 콘크리트의 동결융해에 대한 내구성의 향상

콘크리트 속에 연행 공기 방울이 적당량 존재하면, 이 공기 방울은 콘크리트의 동결 시에 콘크리트 속의 자유수 결빙에 의한 동결압을 완화시키는 역할을 하며 자유수의 이동을 가능하게 하기 때문에, 동결융해의 반복 작용에 대한 저항성을 현저하게 증대시킨다.

Q 시멘트 입자를 분산시키는 감수제의 효과는 무엇인가?

감수제를 처음 발견·개발한 당시에는 그 기능으로 인해 시멘트 분산제라고 명명하게 되었다.

감수제를 콘크리트에 소량 섞는 것만으로 시멘트 입자를 분산시켜 워커빌리티를 개선하고, 소요의 반죽 질기를 얻을 수 있기 때문에 필요한 단위수량 및 단위시멘트량을 줄이는 효과가 있다. 화학적으로는 계면활성제로써 분산작용을 가지고 있다.

일반적으로 시멘트와 같은 미분체에 물을 넣어 교반하게 되면, 입자는 개개의 상태로는 분산되지 않고, 수 개 또는 수십 개가 서로 집합하여 입자의 응집체(floc)가 된다. 이러한 입자 간의 응집력을 줄여서 수중에서의 시멘트 입자를 개개로 분산시키는 작용을 하는 것이 감수제의 역할이다. Floc의 분산으로 인해 결과적으로 내부의 물 및 기포가 해방되면서 시멘트 페이스트의 유동성 향상 및 단위수량의 감소로 이어진다.

감수제 중에는 시멘트 입자의 분산작용과 함께 기포작용을 가지는 것도 있는데, 이를 AE 감수제라고 부르고 있다. AE 감수제에는 응결 시간에 따라서 지연형, 표준형, 촉진형의 세 종류가 있다.

일반적으로 감수제의 감수효과는 4~6%로 분산작용만으로는 한도가 있지만, AE 감수제를 사용하게 되면 10~15% 정도 단위수량을 줄이는 것이 가능하다.

최근에는 콘크리트 구조물의 대형화·고층화가 진행되고 있어 콘크리트의 고내구성, 고강도, 고유동성, 고성능화 등 다양한 요구가 더욱 증가하고 있다. 이러한 상황 속에서 혼화제가 맡아야 할 역할도 증대하면서 다양한 연구개발이 진행되었다.

1960년대에는 고성능 감수제가 개발되었으며, 1970년대에 콘크리트 제품 및 고성능 콘크리트 제조에 사용되었다. 그러나 당초에는 슬럼프 로스가 큰 레미콘 공장에서의 제조에 적용하기 어려운 결점을 가지고 있었으며, 그 결점을 개선하는 연구가 지속적으로 진행되어 1980년대에 처음으로 고성능 AE 감수제가 시장에 공급되게 되었다.

새로운 고성능 AE 감수제는 20% 이상의 고감수성능, 60~90분의 운반시간에도 견뎌낼 수 있는 슬럼프 유지 성능, 안정한 공기 연행성능을 가지

게 되었다. 주된 용도로는 ① 일반 콘크리트의 단위수량 저감 대책, ② 고강도 콘크리트의 제조, ③ 고유동 콘크리트의 제조 등에 사용되고 있다.

Q 플라이애쉬를 섞으면 어떤 효과가 나타나는가?

석탄 화력발전소에서 미분탄을 연소하게 되면 부산물로 석회석이 발생하는데, 그 발생 장소에 따라 바텀(Bottom) 애쉬, 신더(Cinder) 애쉬, 플라이(Fly) 애쉬로 각각 구분된다. 플라이애쉬는 미분탄 연소 보일러의 연소 가스로부터 집진기에서 채취된 것이기 때문에 신더 애쉬를 포함한 혼합물이 선별적으로 분류되며, 그중에서 세립질이면서 동시에 콘리트용 플리아애쉬에 적합한 것들이 '플라이애쉬' 제품이 된다.

플라이애쉬는 인공 포졸란(천연 포졸란은 화산재, 규산백토 등을 미분쇄한 것)으로써 분말도는 시멘트와 동등 이상으로 미세하다. 분말도는 대략 3,500~5,000cm^2/g의 범위이며, 개개 입자는 용융·유리화되어 표면이 매끄러운 구체 형상이 된다.

일본공업규격 JIS A 6201 '콘크리트용 플라이애쉬'에는 품질 및 시험 방법을 규정하고 있는데, 이에 따르면 실리카 45% 이상, 습기 부분 1% 이하, 강열감량 5% 이하, 비중 1.95 이상, 비표면적 2,400cm^2/g 이상 등이다. 일반적으로 시판하고 있는 플라이애쉬의 화학성분은 실리카가 약 60% 정도, 알루미나 25% 정도, 산화철·탄소가 소량 포함되어 있다.

플라이애쉬는 그 자체에는 수경성은 없지만, 시멘트에 혼입되면 플라이애쉬 중에서 활성 성분인 실리카질이 시멘트의 수화반응에 의해 생성된 수산화칼슘과 서서히 반응하면서 불용성의 안정한 규산칼슘의 수화물을 생성한다(이를 포졸란 반응이라고 함).

이 반응은 포틀랜드 시멘트의 수화반응에 비하여 장시간을 요하며, 포졸란 반응이 현저하게 인정되는 것은 재령 1개월 정도부터이다.

플라이애쉬를 콘크리트에 혼합하게 되면 포졸란 반응의 결과로 수산화칼슘이 소비되어, 보다 많은 규산칼슘의 수화물이 생기기 때문에 조직이 치밀해진다.

그 결과로,

① 장기강도의 증진
② 내황산염 저항성의 향상
③ 수밀성의 향상
④ 워커빌리티의 개선
⑤ 단위수량의 감소
⑥ 유동성의 향상
⑦ 블리딩의 감소
⑧ 수화열의 저하

⑨ 알칼리 골재반응의 억제

등의 훌륭한 효과를 발휘하게 된다.

고로 슬래그 미분말과 포졸란은 어떻게 서로 다른가?

강재의 원료가 되는 선철의 제조는 용광로(고로)에 철광석, 코르크, 석회석의 주요 재료를 넣고 열풍을 불어 넣어 코르크를 연소시키면 발생하는 열에 의해 환원·용해하여 탄소성분이 많은 선철이 얻어진다.

한편 암석 성분인 SiO_2와 Al_2O_3가 고온에서 CaO와 화합하여 용융 상태의 슬래그가 되면, 이 둘은 비중 차에 의해 분리되어 배출된다. 이것을 고로 슬래그라고 하는데, 선철 1t당 약 300kg 정도가 발생한다.

일본공업규격 JIS A 6206 '콘크리트용 고로 슬래그 미분말'에 의하면, 이 용융 상태의 고로 슬래그를 물에 의해 급냉한 것을 고로 수쇄 슬래그(Granulated Blast Furnace Slag, GBFS)라고 하고, 이 고로 수쇄 슬래그를 건조·분쇄한 것 또는 여기에 석고를 첨가한 것을 '고로 슬래그 미분말'이라고 정의하고 있다.

고로 슬래그 미분말은 비표면적이 4,000, 6,000, 8,000cm^2/g의 세 종류로 구분되며, 비중은 2.80 이상, 염기도는 1.60 이상으로 알려져 있다.

고로 슬래그 미분말은 이를 단독으로 물과 혼합하여도 반응하거나 경화 현상을 나타내지는 않는데, 수산화칼슘 및 알칼리 염류 등을 소량 자극제로 첨가하게 되면, 슬래그 자체가 활성화되어 물과 반응하면서 수화물을 만들어 경화한다. 이러한 성질을 잠재 수경성이라고 하며, 고로 수쇄 슬래그는 잠재 수경성 물질에 해당한다. 포졸란과 매우 유사한 성질을 가지고 있지만 바로 이 점이 차이점이라고 할 수 있다.

고로 슬래그 미분말을 사용한 콘크리트의 일반적인 성질은 다음과 같다.

① 콘크리트의 장기강도를 촉진
② 수화열의 발생 속도를 억제
③ 수밀성의 향상
④ 화학 저항성의 개선
⑤ 알칼리 골재반응의 억제

위에서 언급한 성질은 고로 슬래그 미분말의 비표면적과 치환율의 조합에 의해 크게 영향을 받게 된다. 예를 들어, 비표면적을 크게 하면 블리딩이 적게 되고 유동성은 우수해지며, 무혼입 콘크리트와 동일한 정도의 초기 강도가 얻어지는 등의 효과도 있다. 그러나 초기 습윤 양생이 불충분한 경우에는 장기강도의 발현이 방해되기도 하고, 중성화 속도가 빨라지는 등의 영향을 받기 쉽기 때문에 시공 시에는 충분한 배려가 반드시 필요하다.

세골재와 조골재로 구분되는 골재에는 어떤 종류가 있는가?

골재란 모르터 또는 콘크리트를 만들기 위해 시멘트 및 물과 혼합하는 모래, 자갈, 쇄석, 고로 슬래그 쇄석 그리고 그 외에도 이와 유사한 종류의 재료를 말하며, 입경에 따라 세골재(잔골재) 및 조골재(굵은 골재)로 구별하고 있다. 토목학회 콘크리트 표준시방서에는 "10mm체를 전부 통과하고 5mm체를 질량으로 85% 이상 통과하는 골재를 잔골재, 5mm체에 질량으로 85% 이상 남는 골재를 굵은 골재"라고 각각 정의하고 있다.

골재는 비중에 따라서 보통골재, 경량골재, 중량골재로 구분되며, 채취

장소에 따라서 분류하면 다음과 같다.

- 천연골재: 하천(강자갈, 강모래), 해안(바다자갈, 바다모래), 산야(산자갈, 산모래, 육상 자갈, 육상 모래, 천연 경량골재 등)
- 인공골재: 쇄석, 쇄사, 고로 슬래그 골재, 인공 경량 골재, 중량 골재 등

콘크리트 속에 포함된 골재의 용적은, 단위수량, 물－시멘트 비, 굵은 골재의 최대치수 등 배합에 따라 서로 달라지는데, 대략 65~75%의 범위에 이른다. 따라서 골재의 성질은 콘크리트의 워커빌리티, 강도, 내구성, 수밀성, 열화 저항성 등의 콘크리트 성질에 영향을 미치며, 사용하는 골재에 의해 경제성도 크게 영향을 받는다.

이상과 같은 조건에 가장 적당하다고 알려져 있는 것이 하천에서 채취된 강모래 및 강자갈이며, 오랜 시간 동안 대표적인 골재로 활용되었다. 그러나 최근에는 치수상 및 하천관리상의 이유로 인해 채취 규제가 엄격해졌으며, 점차적으로 채취량도 감소하고 있다. 한편 육상자갈, 육상모래는 예전의 하천 또는 범람지에 퇴적된 것으로써, 현재에는 하천을 따라서 분포하며 논밭 등의 농지나 임야로부터 채취한 것들이다. 이에 비하여 퇴적된 장소가 그 후의 융기에 의해 현재는 산지나 구릉지, 대지가 된 사력층에서 채취한 것은 산모래, 산자갈로 칭하고 있다. 이들은 일본에서 1990년대 후반의 전체 모래, 자갈 공급량의 약 17%, 약 35%를 차지하는 중요한 공급원이 되고 있다.

한편 해안 및 해저에 존재하는 바다자갈, 바다모래는 지상의 암석 풍화물이 하천을 따라 흘러 들어간 쇄설물이거나 해안 침식에 의해 공급된 것들이다. 전체 모래 중에서 해사가 차지하는 비중은 같은 시기에 약 39%에 이른다.

고로 슬래그 골재는 제철소의 용광로(고로)에서 선철과 동시에 생성되는 고온의 용융 슬래그를 이용하여 제조된 인공골재이다. 용융 슬래그를 냉각 야드장에 흘러 보내면서 대기 중에 서서히 냉각한 후 분쇄하여 입도를 조정한 것이 굵은 골재, 용융 슬래그에 압력수 분사 또는 공기로 급냉하여 입상화시킨 후 입도 조정한 것이 잔골재이며, 일본공업규격 JIS A 5011 '콘크리트용 슬래그 골재'에서는 페로니켈 슬래그와 통합하는 형태로 규격화되어 있다.

Q 콘크리트용 골재는 무한히 채취되는 것인가?

골재는 시멘트와 철강과 함께 건설공사의 기초 재료로써 중요한 역할을 하고 있다. 일본에서의 골재 수요는 경기 변동과 공공사업 발주 상황에 의해 크게 변동하는데, 일반적으로는 증가경향을 나타내고 있다. 다음 표에 나타낸 골재의 수요 추이 사례를 살펴보면, 1990년도의 수요는 약 9.5억t

에 달했으며 그중에서 콘크리트용은 6억 톤이며, 나머지 3.5억 톤은 도로 도상 및 기타의 용도인 것을 알 수 있다. 더욱이 향후에는 사회기반 시설의 정비 및 대형 프로젝트 등도 예상되어 콘크리트 수요는 더욱더 증대될 것으로 기대된다.

표 골재 수요의 추이 사례(단위: 100만 톤)

	종별＼연도	1971	1973	1975	1977	1979	1981	1983	1985	1987	1989	1990
수요	콘크리트용	417	539	446	504	581	538	488	472	515	511	604
	도로 도상 및 기타	216	260	223	231	272	261	245	255	272	311	345
	합계	633	799	669	735	834	799	733	727	827	862	949

한편 골재 수급은 1960년대의 콘크리트용 골재는 거의 대부분이 하천에서 채취된 강자갈 및 강모래였는데, 다목적 댐 건설 등으로 인해 하천에서의 골재 수급이 점차적으로 어려워졌으며, 하천 및 하천 구조물 관리 강화에 의한 골재 채취 규제로 하천에서의 채취는 해마다 감소하고 있는 실정이다.

잔골재에 대해서는 강모래의 감소를 산모래 및 바다모래로 대체하고 있으며, 강자갈은 산자갈 및 육지자갈, 쇄석에 의한 것으로 대체되고 있는 실정이다. 쇄석은 사암·안산암·석회암을 분쇄한 것이 많으며, 최근에는 석회암 쇄석이 증가하고 있다. 최근의 굵은 골재 구성 비율은 자갈 40%, 쇄석 58%, 기타 2% 정도이다.

예전에는 골재 자원이 무한한 것으로 생각한 적도 있었지만, 자원은 유한한 것이다. 따라서 후대의 유산으로 남겨두어야 하기 때문에, 자원 절약적 관점 또는 환경에 대한 의식 변화 등으로 인해 채취·채굴에 대한 법규제가 강화되고 있어 골재 수급은 장래 더욱더 곤란해질 것으로 예상된다. 따라서 향후의 골재 수급은 낙관적이지만은 않은 상황이며, 건설 부산물에 대한 리사이클 기술과 관련한 연구개발 및 실용화 등이 수행될 필요가 있다.

Q 좋은 골재, 나쁜 골재는 어떻게 결정되는가?

골재의 성질은 콘크리트의 워커빌리티, 강도, 내구성, 수밀성, 열화 저항성 등에 영향을 미치기 때문에 매우 중요하다. 골재의 성질은 먼저, 석질이 견고하며 강할 것, 물리적 및 화학적으로 안정성이 높고 내구성이 우수할 것, 콘크리트의 열화를 촉진할 만한 유기물·화학염류 등의 유해한 불순물을 포함하고 있지 않을 것 그리고 입도가 적당하며, 입형은 입방 또는 구형에 가깝고 시멘트 페이스트와의 부착강도가 클 것 등을 들 수 있다. 좋은 골재인지, 나쁜 골재인지를 결정하는 중요한 성질 몇 가지를 설명하면 다음과 같다.

① 비중은 골재의 질량과 그것과 동일한 체적의 물의 질량과의 비로 정의되며, 내부의 공극도 포함한 체적을 고려하였을 때의 '겉보기 비중'과 골재의 실질부분만으로 고려한 '진비중'이 있다. 겉보기 비중에는 함수율에 의해 절건비중과 표건(표면건조)비중이 있으며, 콘크리트의 배합설계에서 용적 계산을 실시하는 경우에는 이 겉보기비중의 표건비중이 이용되며, 2.5~2.7 정도이다. 비중은 재질 평가의 척도로써 사용하는 것은 어렵지만, 어느 정도 골재의 품질을 유추하는 것이 가능하다. 예를 들어, 동일한 석질이라면 비중이 큰 것이 치밀하며 공극이 적고 양질이다.

② 흡수율은 골재 내부의 공극 정도를 나타내는데, 골재 품질의 좋고 나쁨을 판단하는 좋은 척도가 된다. 일반적으로 흡수율이 큰 것은 비중이 작고, 내구성과 관련된 안정성 시험에서도 손실량이 크다. 흡수율은 보통 골재인 경우에 잔골재 1~5%, 굵은 골재 0.5~3%의 범위이다.

③ 단위용적질량은 단위용적당 골재의 절건(절대건조) 상태의 질량을 말하며, 골재를 용적으로 계산할 때 골재의 실체적률의 계산 등에 필요하다. 일반적으로 kg/m^3로 나타내는데, t/m^3, kg/L로 표현하기도 한다. 단위용적 질량은 비중, 입형, 입도, 최대치수, 함수율에 의해 달라진다.

④ 골재의 실체적률은 용기에 가득 찬 절건 상태의 골재 질량을 골재의 절건 비중으로 나눈 절대용적을 그 용기의 용적에 대한 백분율로 나타낸 것이다. 즉, 골재의 절건 상태에서의 단위용적질량(kg/L)을 골재의 절건 비중으로 나누어서 얻는다. 실적률이 크면 공극은 작아지며, 그 공극을 메우는 시멘트량이 작아져서 경제적인 콘크리트가 얻

어지기 때문에 쇄석의 입형 판정의 기준으로 사용된다.

⑤ 골재의 강도가 콘크리트 속의 시멘트 페이스트 경화체의 강도보다 큰 경우에는, 콘크리트의 강도는 시멘트 페이스트의 강도에 지배받게 되어 바람직한 상태이다. 일반적으로 보통골재의 압축강도는 1,000kgf/cm^2(98.1N/mm^2) 이상으로 문제가 없으나, 최근에는 양질의 골재 고갈 및 콘크리트의 고강도화로 인해 문제가 될 수도 있다. 굵은 골재의 강도 시험에는 영국공업규격인 BS 812에 골재 파쇄 시험이 규정되어 있으며, 40t 파쇄치 및 10% 파쇄치에 대한 강도를 비교할 수 있다.

콘크리트를 재이용한 재생골재란 어떤 것인가?

2000년대 현재, 일본에서의 시멘트 생산량은 매년 약 9,000만 톤에 이른다. 이를 토대로 계산해보면 콘크리트는 매년 2~3억m^3 제조되는 것으로 볼 수 있다. 콘크리트는 내구성이 높기 때문에 장기간 사용에 견딜 수 있어 구조물로써의 안정성을 충분히 발휘하고 있는데, 실질적으로는 그 기능적인 측면으로부터 건설 후 30년 정도 지나게 되면 해체되는 것이 증가하고 있는 실정이다.

한편 건설 자재로써의 골재 자원 투입량은 최근에는 약 11억 톤이며, 50% 정도인 6억 톤을 콘크리트용 골재가 차지하고 있다. 이렇듯이 골재 사용량은 대량이기 때문에, 자원 고갈화 및 채취로 인한 자연 파괴 등 환경에 다양한 영향을 미친다. 기존 구조물의 해체로 인해 발생하는 콘크리트를 폐기물로써 처분하는 경우도 있기 때문에 환경에 악영향을 미치는 가능성이 있다.

이러한 관점에서 콘크리트의 재이용은 자원의 유효 이용·자연환경의 보전뿐만 아니라 필연적인 해결책이 되기도 하며, 현재는 도로용 골재로써 재활용하기 위한 연구 등이 활발하게 진행되고 있다.

재생 골재란 콘크리트 구조물을 파괴하여 해체할 때 발생하는 콘크리트를 크러셔로 잘게 부수어서 일정한 입경이 되도록 체분류하여 얻은 골재를 말한다. 이들은 원래부터 콘크리트 속에 들어 있던 골재(원골재)와 그 골재 표면에 시멘트 페이스트나 모르터가 부착되어 있는 것 그리고 시멘트 페이스트나 모르터만으로 되어 있는 입자로 크게 구분된다.

그렇기 때문에 재생 골재의 품질은 부착되어 있는 모르터 양과 품질에 의해 좌우된다. 그 일례로, 일본에서는 콘크리트 재생 이용을 촉진하기 위해 '콘크리트 부산물의 재이용에 관한 용도별 품질 기준'을 정하고 있다. 그중에서 콘크리트용 재생골재의 품질 기준을 다음 표에 나타내었다. 콘크리트용 재생골재의 품질 지표는 흡수율 및 안정성 수치의 상한치이다. 이 값 중에서 흡수율은 콘크리트의 강도, 안정성은 동결융해 작용에 대한 영향을 각각 고려하여 결정한 것이다.

표 재생골재의 품질

항목 / 종별	재생 굵은 골재				재생 잔골재	
	1종	2종		3종	1종	2종
흡수율(%)	3 이하	3 이하	5 이하	7 이하	10 이하	–
안정성(%)	12 이하	40 이하	12 이하	–	10 이하	–
		(40 이하)*				

* 동결융해 내구성을 고려하지 않는 경우

Q 골재의 입도 판정에 이용하는 FM이란 무엇인가?

FM이란 조립률(Fineness Modulus)의 약자로써 골재의 조립률을 나타내는 기호로 사용된다. 콘크리트용 골재에 요구되는 성질로는 여러 가지가 있는데, 플래쉬 콘크리트의 반죽 질기나 워커빌리티에 영향을 주는 것 중에 하나로 입도가 있다.

입도란 '콘크리트에 사용하는 대소립의 골재가 혼합하는 정도'로 정의

되며, 대소립의 골재가 어떻게 혼합되어 있는가는 입경별로 혼합비율을 조사함으로써 입도 판정이 가능하다. 판정은 일본공업규격 JIS A 1102(골재의 체분류 시험 방법)에 따르며, 각 체의 통과 백분률 또는 잔류 백분률을 구해 입도곡선으로 그림을 그리든지, 입도를 수치적으로 나타내는 방법으로 FM을 구하고 있다.

일반적으로 세립질 및 조립질의 골재가 적당하게 혼합된 입도라면 소요의 워커빌리티를 가지는 콘크리트를 만들기 위해 필요한 단위수량을 적게 사용할 수 있으며, 물-시멘트 비를 일정하게 하면 단위시멘트량도 적어지게 되어 양질의 콘크리트를 경제적으로 생산할 수 있다.

일본토목학회에서는 많은 실험 및 연구 결과로부터 콘크리트 표준시방서에 입도 표준을 정하고 있으며, 잔골재의 조립률이 콘크리트의 배합을 정할 때에 사용한 조립률에 비해 0.20 이상 변화한 경우에는 콘크리트의 슬럼프가 변동하기 때문에 배합을 바꾸도록 규정하고 있다.

골재의 조립률 FM은 "0.15, 0.3, 0.6, 1.2, 2.5, 5, 10, 20, 40, 80mm의 10종류의 체를 이용하여 체분석 시험을 실시한 후, 이들 각 체에 잔류하는 시료의 질량 백분율의 합계를 100으로 나눈 값"으로 정의되어 있다. 다음 표에는 체분석 시험 결과의 일례를 나타낸 것으로써 FM의 계산치와 굵은 골재의 최대치수를 나타내고 있다.

조립률은 계산할 때 100으로 나누기 때문에 마치 백분율의 % 단위라고 착각하는 경우가 있는데, 그 의미하는 것은 비율이 아니라 그 골재의 대략 50%가 남게 되는 평균적인 체의 치수(mm)를 나타내고 있다. 표의 잔골재 FM 2.54에서는 작은 쪽의 체로부터 세어서 2번째(0.3)와 3번째(0.6)의 중간에 평균 입경이 있는 것으로 추정할 수 있다.

표 체분석 시험 결과의 일례

체의 치수 (mm)	굵은 골재			잔골재		
	각 체에 남는 양의 누계		통과량	각 체에 남는 양의 누계		통과량
	(g)	(%)	(%)	(g)	(%)	(%)
40	0	0	100			
30	205	2	98			
25	960	10	90			
20	3,525	35	65			
15	5,280	53	47			
10	7,830	78	22	0	0	100
5	9,785	98	2	21.5	4	95
2.5	10,000	100	0	51.0	10	90
1.2		100		96.5	19	81
0.6		100		234.5	47	53
0.3		100		394.0	79	21
0.15		100		475.0	95	5
접시				500.0	100	0
FM	(400+100+98+78+35)/100=7.11			(95+79+47+19+10+4)/100=2.54		
최대치수	25mm	(90% 이상 통과하는 체의 최소치수)		주) 접시의 100은 계산하지 않음		

Q 골재 내의 수분 상태를 어떻게 구분하고 있는가?

골재 내부에는 다수의 공극이 있어 수분을 포함할 수 있다. 따라서 콘크리트를 만들 때, 이 골재가 포함한 수분을 고려하지 않으면 강도 등의 성질에 영향을 미친다. 건조된 골재와 젖은 골재에서는 콘크리트를 믹서로 교반하는 중에 시멘트와 반응하게 되는 혼합수가 골재에 흡착되기도 하고 골재 표면에 부착되어 있는 물이 시멘트와 반응하기도 하기 때문이다.

이러한 골재의 함수 상태는 다음 네 종류로 구분한다.

① 절대건조 상태(절건)는, 노건조 상태라고도 하는데, 골재를 100~110°C로 일정한 질량이 될 때까지 건조시킨 상태로써 공극에는 물을 포함하지 않고 있다.

② 공기 중 건조 상태(기건)는 골재를 공기 중에서 건조시킨 상태이며, 표면에는 물이 부착되어 있지 않으며 내부의 공극에는 일부 수분이 있는 상태로써, 외기의 습도에 의해 함수율이 달라진다.

③ 표면 건조 상태(표건)는 골재 표면에는 물이 부착되어 있지 않고(건조한 상태는 아님), 내부의 공극은 완전히 물로 가득 차 있는 상태를 말하며, 콘크리트를 만드는 경우에 물의 출입이 없기 때문에 기준이 되는 상태이다.

④ 습윤 상태는 골재 내부의 공극은 물로 가득 차 있으며, 표면에도 물을 부착하고 있는 상태이다.

이와 같이 골재 함수 상태에 따른 물의 비율은 다음에 나타내는 흡수율, 표면수율 및 유효흡수율에 의해 평가한다.

① 흡수율

표건 상태의 골재 내부에 포함된 수분을 흡수율이라고 하고, 절건 상태의 골재 질량에 대하여 흡수량이 백분율로 정의되며, 골재 내부의 공극 비율을 나타내는 것으로써, 골재품질의 좋고 나쁨에는 관계없다.

② 표면수율

습윤 상태의 골재 표면에 부착하고 있는 수분을 표면 수량이라고 하고, 표건 상태의 골재 질량에 대하여 표면 수량의 백분율로 나타낸다.

③ 유효흡수율

기건 상태의 골재가 흡수 가능한 수량의 비율을 나타내는 것으로, 절건 상태의 골재 질량에 대해 표건 상태의 골재에 포함되어 있는 물로

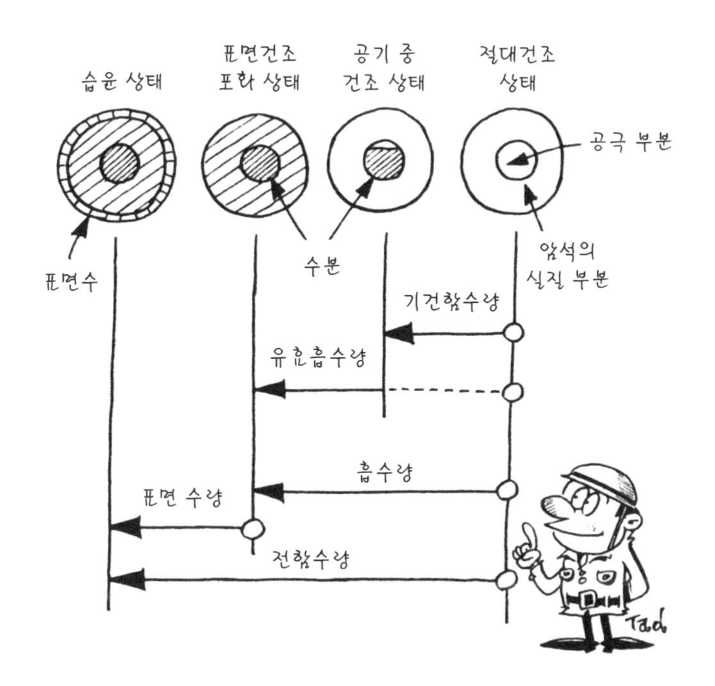

부터 기건 상태의 골재에 포함되어 있는 물을 뺀 것을 백분율로 표현한다.

현장에서 기건 상태의 골재를 이용하는 경우, 유효흡수율에 상당하는 수분만큼 골재가 교반수를 흡수하는 것이 되기 때문에, 이 값을 미리 계산하여 보정하는 것이 콘크리트의 제조 관리상 중요하다.

Q 콘크리트 반죽 시의 물은 어떠한 물이라도 가능한가?

콘크리트 반죽에 사용되는 물은 아직 굳지 않은 콘크리트의 응결과 경화에 영향을 미칠 뿐만 아니라, 그 후의 경화 콘크리트의 각종 성질에도 영향을 미치는 중요한 재료이다.

토목학회 콘크리트 표준시방서에서는 "물은 기름, 산, 염류 등 콘크리트의 품질에 영향을 미치는 물질이 유해한 양만큼을 포함해서는 안 된다"라고 규정하고 있다. 따라서 음료수로써 적합한 물은 당연히 사용 가능하며, 일반적으로 입수가 가능한 우수, 하천·호수의 물, 지하수 등은 대부분 사용이 가능하다. 그러나 하천수 및 지하수더라도, 공장폐수 및 도시하수가 유입되어 특별한 성분을 포함할 위험성이 있는 경우라든가 해안에 가까운 경우에는 콘크리트의 응결 및 강도 발현, 철근 발청에 미치는 영향도 염려되기 때문에 사용 결정을 위해서는 검토가 필요하다. 최근에는 자원 절약적 관점으로부터, 레디믹스트 콘크리트 공장의 운반차 및 믹서 등의 세정에 사용된 물도 골재 등을 분리한 후에 재사용하기도 한다.

물에 포함된 물질에는 염화물 및 유기물, 무기물 등이 있으며, 다음과 같이 설명할 수 있다.

① 염화물

해수는 철근을 부식시키기 때문에 철근콘크리트에 사용될 수 없다. 무근 콘크리트의 경우에는 사용하더라도 명확하게 해를 끼치지는 않지만, 장기강도의 증가를 저감시키기도 하고 내구성 저하, 알칼리 골재 반응의 촉진, 백태(콘크리트의 표면에 발생하는 흰색 선모양의 돌출물) 발생 등이 있기 때문에 가능한 한 사용하지 않는 것이 바람직하다.

② 유기물

당류, 펄프 폐액, 부식물질을 포함한 물을 이용하면 시멘트의 수화반응을 방해하여 콘크리트 응결 및 강도 발현에 심각한 영향을 미친다.

③ 무기물

아연 및 납 등의 화합물, 탄산나트륨, 인산나트륨, 요오드화나트륨, 후민산나트륨 등은 콘크리트의 응결 시간에 큰 영향을 미친다. 이들

은 공업 폐수 및 도시하수의 오염된 물에 포함되어 있을 가능성이 높은 물질들이다.

수질에 대해 의심이 발생하는 경우에는, 수질 시험을 실시하여 유해물질을 확인하고, 그 함유량에 대해서는 기존의 사용 실적 결과를 참고하여 판단하게 된다. 또한 토목학회 기준 '모르터의 압축강도에 따른 콘크리트용 교반수의 시험 방법'에 의해, 시험수를 사용한 모르터의 강도가 수도수나 증류수를 사용한 경우의 강도에 비해 90% 이상인 것을 확인하면 되는 것으로 하고 있다. 이렇듯이, 콘크리트의 반죽 시 사용하는 물에 대해서도 판정하여 사용하도록 하고 있다.

다양한 콘크리트 2

2 다양한 콘크리트

Q 콘크리트, 모르터, 시멘트 페이스트의 차이는 무엇인가?

우리들이 콘크리트라는 말을 사용하는 경우에는 단순히 시멘트를 사용하여 만든 콘크리트를 생각한다. 본 서에서도 시멘트를 사용한 콘크리트를 대상으로 하고 있다. 그러나 결합재로써 시멘트 대신에 아스팔트나 레진(수진)을 사용한 것도 넓은 의미에서는 콘크리트라고 할 수 있다. 이 경우에는 아스팔트 콘크리트, 레진 콘크리트 등으로 서로 구별하고 있다. 또한 시멘트를 결합재로 한 것을 이들 콘크리트와 구별할 필요가 있는 경우에는, 시멘트 콘크리트라고 부르는 경우도 있다.

토목학회 콘크리트 표준시방서에 따르면 다음과 같이 정의하고 있다.

- 콘크리트(concrete): 시멘트, 물, 잔골재, 굵은 골재 및 필요에 의해 첨가하는 혼합재료를 구성 재료로 하여, 이들을 반죽하여 기타의 방법에 의해 일체화한 것
- 모르터(mortar): 콘크리트의 구성 재료 중에서 굵은 골재를 사용하지

않은 것

• 시멘트 페이스트(cement paste): 모르터의 구성 재료 중에서 잔골재를 사용하지 않은 것

콘크리트 구성 재료의 용적 비에 대한 일례에 의하면, 콘크리트는 광물질의 잔·굵은 골재가 전체의 약 70%를 차지하며, 나머지 약 30%는 시멘트 페이스트가 차지한다. 시멘트 페이스트는 골재 입자 간의 공극을 메워서 서로 간을 결합시켜 전체를 일체화시키고 있다. 골재는 콘크리트의 골격재로써의 역할을 가지며 그 차지하는 비율도 높기 때문에, 골재 성질에 의해 콘크리트 성질이 크게 달라지는 것은 당연한 것이다. 일반적으로 골재는 물리적·화학적으로도 안정되어 있으며, 그 강도는 시멘트 페이스트의 강도보다 크기 때문에 콘크리트 강도는 시멘트 페이스트의 강도로 결정된다.

한편 시멘트 페이스트는 반죽 직후의 플래쉬한 상태로부터 서서히 수화반응이 진행하여 경화하게 되어 조직이 치밀해지면서 강도를 발현하게 된다. 시멘트와 물의 비율을 조절하여 강도가 크게 되도록 강구하더라도 골재보다 약한 것이 일반적이다. 따라서 시멘트 페이스트는 수화생성물로써 골재 간의 공극을 메우기 때문에, 타설이 가능한 정도의 작업이 될 만한 범위에서 가능한 한 적게 사용하는 것이 강도, 내구성, 수밀성 등의 측면에서나 경제적인 측면에서 유리하다.

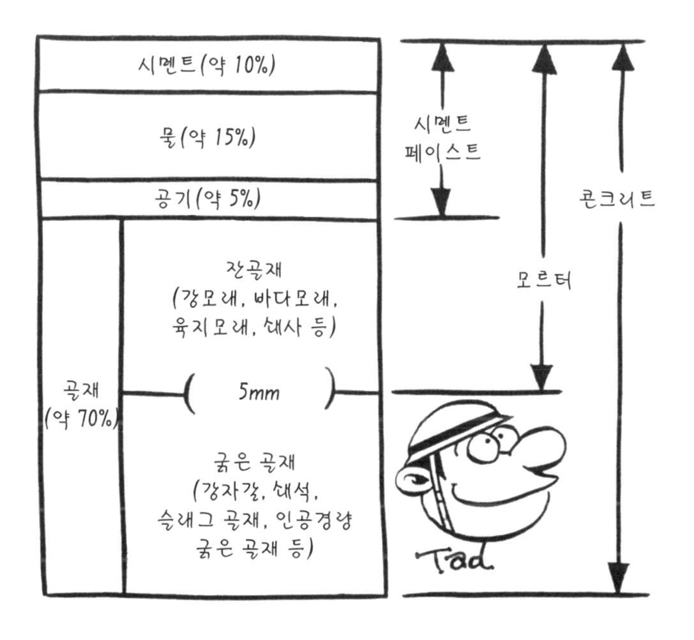

좋은 콘크리트란 어떤 콘크리트를 말하는가?

일반적으로 콘크리트(concrete)란 물, 시멘트, 잔골재(모래), 굵은 골재(자갈) 및 필요에 따라 첨가하는 혼합재료(AE제, 고로 슬래그 등)를 혼입하여 반죽함으로써 일체화한 것을 말한다.

일반적으로 사용되는 콘크리트 재료의 구성 비율은 용적률로 약 70%는 골재, 나머지 30%는 시멘트 페이스트(물+시멘트)로 되어 있다.

양질의 콘크리트를 만들기 위해서는 상기의 각 재료가 고품질이어야 함은 물론이지만, 재료를 반죽하여 거푸집에 타설할 때의 플래쉬 콘크리트(fresh concrete: 아직 굳어지지 않는 콘크리트)에서는 워커블(양호한 작업성)한 콘크리트이어야 하는 점 그리고 굳어진 후의 경화 콘크리트(hardened concrete)에서는 필요한 강도, 내구성을 갖춘 콘크리트이어야 하는 점이 요구된다. 이러한 콘크리트를 만들기 위해서는 엄선된 고가의 재료를 사용하면 간단하겠지만, 사용 목적에 맞는 재료의 적절한 선택으로 경제성도 동시에 만족하지 않으면 좋은 콘크리트라고 할 수 없다.

그러면 양질의 균질한 콘크리트이기 위해 필요한 조건인 내구성, 강도, 경제성에 대해서 좀 더 구체적으로 살펴보자. 내구성이란 바람, 유수, 교통통행 등의 마모성 저항뿐만 아니라, 동결융해 및 건조습윤에 의한 팽창·수축 등의 풍화에 대한 저항, 염분 및 알칼리 골재반응과 같은 화학작용에 의한 저항도 필요하다. 강도 측면에서는 좋은 시멘트 페이스트, 좋은 골재 그리고 적은 공기량에서 충분한 혼합 등이 영향을 미친다. 또한 경제성 측면에서는 골재의 적절한 사용, 작업 능률이 좋은 설비 및 취급이 용이한 설비 등이 필요하다.

이상과 같은 조건을 갖춘 콘크리트를 이른바 '좋은 콘크리트'라고 할 수 있다. 콘크리트를 사용하는 시공현장에서는, 이러한 균질하고 좋은 콘크리트를 찾아 사용하는 것이 건설기술자의 중요한 역할 가운데 하나이다.

막 생성된 콘크리트의 성질은 어떠한가?

막 생성된 콘크리트, 즉 시멘트의 수화작용에 의해 경화하기 전의 플래쉬 콘크리트에 요구되는 성질로는 거푸집의 우각부나 철근 주변부에 충분하게 잘 스며들어갈 수 있는 적절한 유동성을 가져야 하고, 재료가 분리되거나 반죽에 사용된 물이 과도하여 표면에 떠오르거나(블리딩이라고 함) 하지 않아야 하며, 운반·타설·다짐·마무리 작업이 용이하게 행해질 수 있는 조성을 가지고 있어야 한다.

플래쉬 콘크리트의 성질을 표현하는 말로는 아래의 용어가 일반적으로 사용되고 있다.

- 플래쉬 콘크리트(fresh concrete): 아직 굳어지지 않는 콘크리트
- 컨시스턴시(consistency, 반죽 질기): 변형 또는 유동성에 대한 저항성의 정도로 표현되는 플래쉬 콘크리트의 성질
- 워커빌리티(workability): 컨시스턴시 및 재료 분리에 대한 저항성의 정도에 의해 결정되는 플래쉬 콘크리트의 성질로써, 운반·타설·다짐·마무리 등 작업의 용이성을 나타냄
- 플라스티시티(plasticity): 용이하게 거푸집에 채워 넣을 수 있고, 거푸집을 제거하면 천천히 그 형태를 바꾸게 되지만, 붕괴되거나 재료가

분리되거나 하지 않는 플래쉬 콘크리트의 성질

- 피니셔빌리티(finishability): 굵은 골재의 최대치수, 잔골재율, 잔골재의 거친 정도, 컨시스턴시 등에 의한 마무리 작업의 용이성을 나타내는 플래쉬 콘크리트의 성질
- 블리딩(bleeding): 플래쉬 콘크리트에서, 물이 상승하는 현상
- 레이턴스(laitance): 블리딩과 더불어서 콘크리트 표면에 떠올라 침전한 것. 시멘트, 골재 중의 미립자, 시멘트 수화물 등으로 구성

이상과 같은 용어의 정의로부터 확실하게 알 수 있는 바와 같이, 플래쉬 콘크리트의 각종 성질은 콘크리트 시공과 밀접한 관계가 있다. 특히 워커빌리티는 플래쉬 콘크리트의 성질과 시공 등에 직접적으로 영향을 미치는 중요한 요인이다. 그럼에도 불구하고, 안타까운 현실이지만 워커빌리티를 정량적으로 측정하는 실용적인 시험 방법은 없는 실정이다. 그 이유로는

워커빌리티가 포함된 성질을 일관성 있게 구분해낼 수 없기 때문이다. 일반적으로 워커빌리티를 판단하는 현재의 방법으로는 컨시스턴시(반죽 질기)를 측정(슬럼프 시험 등)하여 그 변형 상태 등으로부터 경험적으로 판단하고 있다.

Q 건설 재료로써 콘크리트의 장단점은 무엇인가?

건설 재료 중에서 가장 주된 재료로 활용되고 있는 것은 강재와 콘크리트이며, 이는 어느 누구도 부정할 수 없을 것이다. 또한 콘크리트는 선진국뿐만 아니라 많은 개발도상국에서도 활발하게 사용하고 있다. 그러나 콘크리트는 그 특성을 충분히 이해하여 장점을 살려서 제대로 사용하면 매우 유용한 반면, 충분히 이해하지 않은 상태에서 사용하게 되면 결함부를 가지는 구조물이 되어 사회적으로 큰 손실을 초래할 수 있기 때문에 주의가 필요하다.

콘크리트의 장점으로는 다음과 같은 것을 들 수 있다.

① 비교적 용이하게 재료를 입수할 수가 있다.
② 임의의 형상·치수의 구조물을 제작할 수 있다.
③ 가격이 싸다.
④ 특별한 숙련공을 필요로 하지 않으며, 용이하게 시공·제조가 가능하다(시공자가 그 특성을 이해하지 않는 경우에는 단점이 됨).
⑤ 유지비를 거의 필요로 하지 않으며 내구성·내화성·내진성이 우수하다(그러나 콜드 조인트와 같은 시공불량에 의한 구조물의 열화 및 손

상, 알칼리 골재 반응에 의한 조기 열화, 고베대지진 시의 구조물 붕괴 등이 문제점으로 지적되고 있음).

⑥ 대단면 구조물 및 강성이 높은 구조물을 시공할 수 있다.

콘크리트의 단점으로는 다음과 같은 것을 들 수 있다.

① 중량이 크다(댐 및 해양구조물에서는 오히려 장점이 됨).

② 강재와 달리 압축강도에 비해 인장강도가 작다(압축강도의 약 1/10~1/15이며, 이 결점을 보완하기 위해 철근콘크리트 및 프리스트레스트 콘크리트가 개발·발달됨).

③ 균열이 발생하기 쉽다.

④ 강도를 발휘하기까지의 소요 시간이 길다.

⑤ 해체·철거가 곤란하며, 재생 이용에 어려움이 있다(최근에는 재생골재에 대한 검토가 진행되고 있음).

Q 철근콘크리트는 왜 이렇게 널리 보급되었는가?

철근콘크리트(Reinfored Concrete, RC)는 콘크리트와 철근의 복합재료이다. 콘크리트의 인장강도는 압축강도의 약 1/10~1/15밖에 되지 않으며, 이는 콘크리트의 최대 단점으로 지적되고 있다.

철근의 인장력과 콘크리트의 인장력을 비교해보면, 철근의 탄성 범위 내에서 최대치인 항복강도는 콘크리트에 비하여 약 100배 이상 크다. 또한 콘크리트의 파괴는 취성적이며, 인성(질긴 정도)이 없다. 이러한 결점을 보완하기 위해 콘크리트 속에 철근을 매립함으로써 양자가 서로 일체화되어 거동하게 하는 것이 철근콘크리트인 것이다.

철근콘크리트를 생각해낸 것은 1867년 프랑스의 원예 기술자인 Joseph Monier이며, 철망을 모르터 속에 설치하여 화분을 만든 것이 최초로 알려져 있다. 그러나 Monier는 당시 인장력을 철근에 의해 저항하도록 하기 위한 생각이 아니라 가볍고 튼튼한 화분을 만들기 위한 원예 사업상의 목적으로 만들게 된 것으로 알려져 있다.

그 후 1880년대 후반, 독일 토목국의 기사장인 E.M. Koenen이 철근은 인장력에 대하여 배근하고, 콘크리트는 압축력에 대하여 작용시킬 필요가 있다고 주장하였다. 이후 여러 다양한 시행착오를 거쳐 오늘날의 철근콘크리트의 개념이 확립된 것이다.

이렇게 철근과 콘크리트는 각각 서로 다른 성질을 잘 이용하여 일체화하여 외력에 저항하도록 한 합리적인 복합재료이며, 그 외에도 철근콘크리트로써의 특징은 다음과 같은 것들이 있다.

① 콘크리트의 내부에 매입된 철근은 콘크리트가 알칼리성(pH11~13)

이기 때문에 부식되지 않으며, 수십 년의 내구성을 가지는 구조물을 만들어낼 수 있다.

② 콘크리트와 철근의 열특성을 살펴보면, 양자의 열팽창(계수)은 거의 동일한 값을 보이고 있다. 설계 시에는 일반적으로 10×10^{-6}/°C를 사용하고 있으며, 양자 간에는 열에 의한 응력차를 고려할 필요가 없다.

③ 콘크리트 속에 매입된 철근과 콘크리트와의 부착력은 충분히 크며, 그렇기 때문에 이들 양자 간에는 동일한 거동을 하면서 외력에 저항하여 응력을 전달하는 것이 가능하다.

Q 콘크리트도 팽창하거나 수축하기도 하는가?

콘크리트는 시멘트와 물이 수화 반응하여 수화물을 생성하면서 시간 경과와 더불어 서서히 경화하는데, 그 경화 과정 및 경화 후에 외력을 받은 경우에는 변형이 발생한다. 이 변형은 콘크리트 균열과 밀접한 관계가 있다. 이러한 콘크리트의 변형 특성인 건조수축, 열팽창 및 크리프에 대하여 설명하면 다음과 같다.

건조수축은 콘크리트 속의 시멘트 페이스트가 수화하여 경화하는 과정에서 페이스트 내부에 존재하는 자유수 등이 건조에 의해 대기 중으로 증발하는데, 이때 콘크리트가 수축하는 현상이다.

그리고 물-시멘트 비가 커서 단위수량이 클수록, 단면치수가 작고 재령이 얼마 되지 않은 상태에서 건조시켜서 습도가 낮을수록 건조수축은 커지게 된다. 실제 구조물에서는 다양한 구속조건으로 인한 인장응력이 발생하여 건조수축에 의한 균열이 발생하는 경우가 있기 때문에 주의가 필요하다.

콘크리트는 열에 의해 팽창하기도 한다. 이는 댐과 같은 매스 콘크리트의 시멘트 수화열에 의한 온도 균열 등이 문제가 된다.

콘크리트의 열팽창률은 시멘트 페이스트 및 골재의 특성에 의해 변화하는데, 일반적으로 콘크리트는 $10\times10^{-6}/°C$~$20\times10^{-6}/°C$의 범위에 있는 것으로 알려져 있다. 토목학회 콘크리트 표준시방서에는 $10\times10^{-6}/°C$를 사용하도록 권장하고 있다.

크리프란, 재료에 어느 일정한 외력을 장시간 작용시킨 경우에 외력을 증대시키지 않더라도 변형이 증대하는 현상을 말한다. 콘크리트도 이러한 크리프 현상이 발생한다. 콘크리트의 크리프는 건조수축과 동일하게 수화한 시멘트 페이스트 속의 자유수 등의 이동에 의해 발생하는 것으로 알려져 있다.

콘크리트의 크리프는 일반적으로 다음과 같은 조건에서 증대한다.

① 재하응력이 큰 경우

② 물-시멘트 비가 큰 경우
③ 시멘트 페이스트 양이 많은 경우
④ 재하가 시작된 지 얼마 되지 않은 경우
⑤ 콘크리트의 양생 온도 및 습도가 낮은 경우

Q 콘크리트의 양생은 왜 중요한가?

콘크리트의 강도는 콘크리트 속의 시멘트와 물의 수화작용에 의해 반죽된 겔 형상의 시멘트 페이스트가 시간의 경과와 함께 경화됨으로써 발생한다. 이 현상을 콘크리트의 강도 발현이라고 한다. 타설한 플래쉬 콘크리트의 강도 발현을 촉진시키기 위해서는 화학반응의 일종인 수화반응을 촉진시킬 필요가 있다. 이를 '콘크리트의 양생'이라고 한다. 우리 인간도 병이 발생한 후에 양생한다고 하는데, 이와 유사한 의미를 가지고 있다.

콘크리트의 경화 초기 단계에서는 다음과 같은 것들이 필요하다.

① 충분한 반죽 및 다짐
② 충분한 수분 가하기
③ 적절한 온도 관리
④ 유해한 외력의 작용을 방지하는 일

즉, 동일한 배합의 콘크리트더라도 다음과 같은 양생 조건에 의해 콘크리트 강도는 크게 변화한다.

① 반죽 및 다짐이 충분하게 이루어지지 않은 콘크리트는 강도가 저하된다.
② 습윤 상태(경화 후에 수화반응을 계속적으로 진행하기 위한 충분한 수량)에서 양생하는 경우와 건조 상태에서 양생하는 경우에는 건조 상태의 양생인 경우가 강도 발현이 저하한다.
③ 다음 그림은 양생 온도와 초기 압축강도(재령 28일까지)와의 관계를 나타낸 것인데, 양생 온도가 높을수록 초기 강도가 증대하고 있는 것을 알 수 있다.

또한 플래쉬 콘크리트는 약 −3°C에서 동결되는 것으로 알려져 있다. 동결된 콘크리트가 융해하면 강도는 매우 낮아진다. 고온·다습한 양생방법, 즉 '증기양생'을 실시한 콘크리트의 초기 강도는 현저하게 증대한다. 양생 온도는 55~75°C 정도가 효과적이라고 알려져 있다.

이렇듯 콘크리트의 양생은 강도에 크게 영향을 미친다는 것을 알 수 있다.

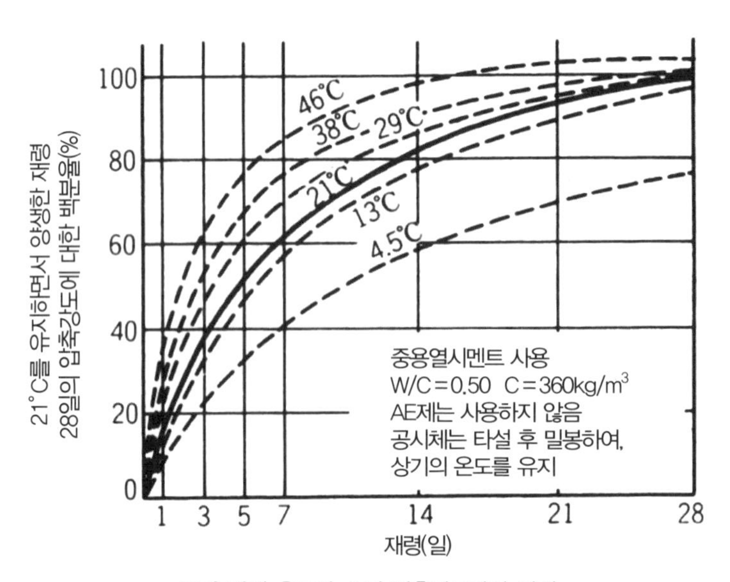

그림 양생 온도와 초기 압축강도와의 관계

콘크리트 내부의 철근은 왜 부식이 발생하는가?

건전한 콘크리트의 공극에 존재하는 수분은 pH가 12~13이라는 강알칼리 환경하에 있다. 이러한 환경에서는 철근 표면에 '부동태 피막'이라고 불리는 산화피막이 형성되기 때문에, 철근은 부식하기 어려운 상태가 된다. 그런데 콘크리트 속에 염소이온과 같은 유해성분이 혼입 또는 침투하거나, 공기 중의 탄산가스나 산이 침투한 경우에는 콘크리트 속의 알칼리도가 저하하여 철근이 부식된다.

철근의 부식반응은 기본적으로 전기화학적 반응이다. 철근 표면의 부동태 피막이 손상하게 되면 철근은 활성 상태가 되어 물과 탄소의 작용에 의해 부식한다.

이때 철근 표면에는 철이 이온화하는 아노드반응(산화반응)과 산소가 환원하는 캐소드반응(환원반응)이 진행하여 '부식전지'가 형성되며, 그 결과로 수산화 제1철이 표면에 나타난다. 수산화 제1철이 결국 산화되면, 수산화 제2철, 산화철 등이 되어 철근표면에 녹을 형성시킨다.

철근이 부식한 경우에는 철근 단면적이 감소하여 내하력이 저하될 뿐만 아니라, 철근 부식에 따른 체적팽창에 의해 콘크리트에 균열을 발생시켜 구조적으로 큰 영향을 미치게 된다.

철근 방식의 제1 방법은 염분, 산소 및 수분 등 철근을 부식시키는 유해물질을 철근 표면에 도달시키지 않는 것이다. 그리고 그 다음으로는 철근 주변 콘크리트의 알칼리성을 저하시키지 않는 것이다.

이를 위해서는 외부로부터 유해물질의 침투를 방지하기 위해 고품질의 콘크리트(물-시멘트 비를 작게 하거나 단위 시멘트량을 크게 하는 등)를 사용하는 일, 콘크리트의 피복두께를 크게 하는 것, 해사 등의 재료 사용에 의한 염화물 혼입을 방지하는 일, 에폭시수지 도장 철근을 사용하는 것 등이 있다. 또한 전기화학적인 원리를 응용하여, 콘크리트 내부의 철근에 음극의 방식 전류를 흘려 전기방식을 실시하는 방법도 있다.

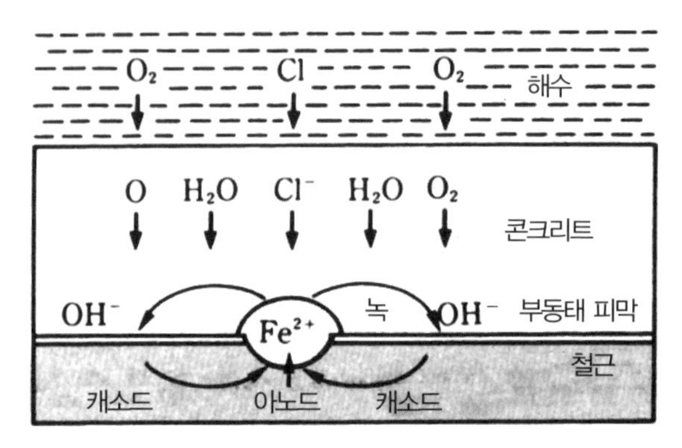

그림 철근의 방식 메커니즘

콘크리트 속에 혼입된 공기는 어떤 역할을 하는가?

콘크리트 내부에 공기가 들어 있는 경우, 공기 1% 증가에 따른 강도 변화는 약 4~6% 저하하는 것으로 알려져 있다. 그렇다면 왜 굳이 콘크리트 속에 공기를 혼입하고 있는 것일까?

콘크리트 속에 혼입되어 있는 공기는 다음의 두 종류로 구분된다. 하나는 엔트랩드 에어(entrapped air)인데, 이것은 콘크리트를 혼합할 때에 자연적으로 혼입되는 기포를 말하며, 통상 약 1~3% 정도 존재하는 것으로 알려져 있다. 또한 공기 방울의 크기가 비교적 크며, 일반적으로 유동성 및 내동해성의 향상에 효과가 있는 것으로 알려져 있다. 이를 잠재 공기라고도 한다.

또 다른 하나는 엔트레인드 에어(entrained air)로써, 이것은 AE제 및 AE 감수제 등의 계면 활성작용에 의해 인위적으로 콘크리트 속에 발생시킨 미세한 기포(20~200μm)이다. 콘크리트 속에 혼입시킴으로써 미세한 공기 방울이 잔골재 및 시멘트 입자 표면에 흡착하여 볼베어링과 같은 역할을 하기 때문에 워커빌리티를 개선시킨다. 경화 후에는 한중 콘크리트의 콘크리트 내부에 있는 수분의 동결에 의해 발생하는 팽창압을 흡수하여 동결융해 작용에 대한 저항성을 증대시키는 것으로 알려져 있다. 이를 연행공기라고 부르기도 한다.

이상과 같이, 콘크리트 속에 공기를 연행하는 이유는 다음을 꾀하기 위해서이다.

① 워커빌리티의 개선
② 동결융해 작용에 대한 저항성 증대

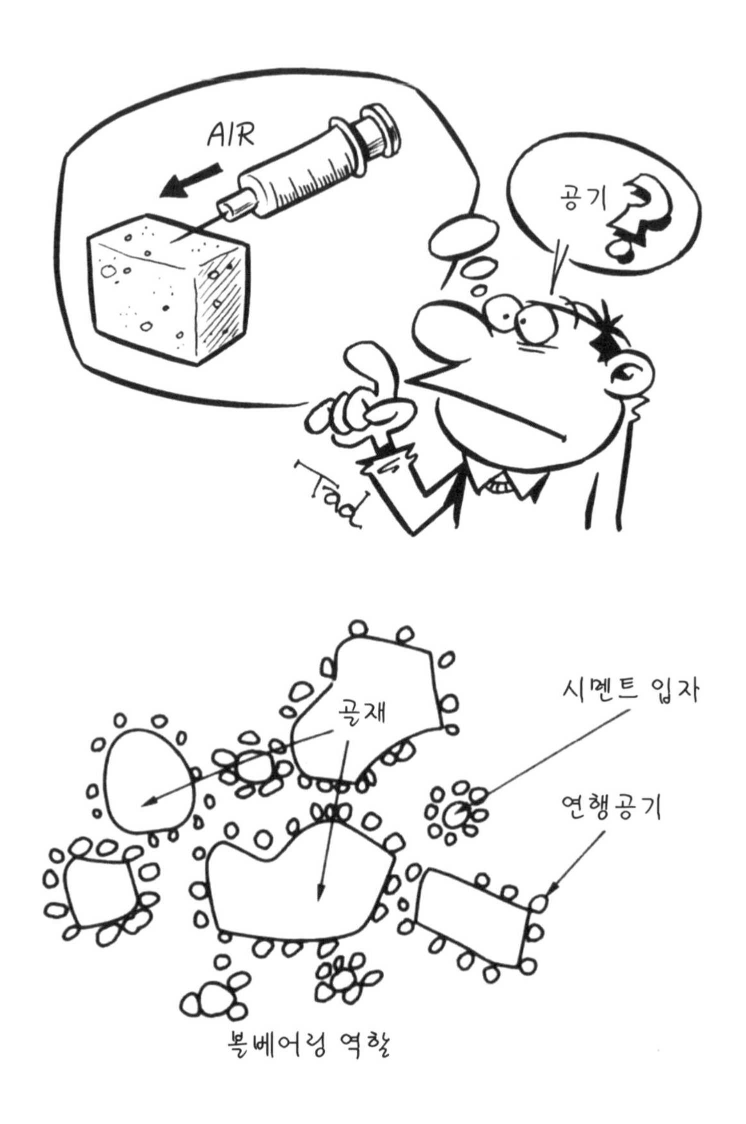

그러나 공기를 연행하게 되면 강도는 저하하기 때문에 최적의 공기량은 자연스럽게 결정되며, 일반적으로는 콘크리트 용적의 약 4~7% 정도가 표준으로 알려져 있다. 또한 공기는 모르터 내부에 존재하게 되는데, 굵은 골재의 최대치수가 클수록 콘크리트 속의 모르터 양은 적어지기 때문에, 최

적 공기량은 굵은 골재의 최대치수와 연관시켜서 나타내는 것이 일반적이다.

Q 동결융해작용은 콘크리트를 열화시킨다고 하는데, 어떤 현상을 말하는가?

콘크리트 속의 모세관수 등 공기 속에 포함된 수분의 일부가 동결하게 되면 체적이 팽창하며, 공극 속으로 들어가지 못한 물은 콘크리트에 의한 구속 때문에 높은 압력을 발생시킨다. 이 수압은 공극을 확대시켜 다른 공극의 물을 이동시키기도 하는데, 물 주변에 공극이 없는 경우에는 압력이 증대된다. 이로 인해 발생하는 응력이 콘크리트의 인장강도 이상이 되면 미세한 균열이 발생한다. 이렇게 동결과 융해를 반복하는 것에 의해서 콘크리트의 열화가 커지게 되는데, 이 현상을 동결융해작용이라고 한다.

이 동결융해작용에 의해 콘크리트 표면의 모르터 부분이 입자 형상으로 벗겨져 떨어지면서 굵은 골재가 노출되기도 하고 콘크리트 표면에서 층 형상의 박리(스케일링)가 발생하기도 하며, 분화구 형상으로 표면에 구멍(펌프아웃)이 생기기도 한다.

이에 대한 방지대책으로는 그 원인이 되는 물의 침입을 억제하는 것이 있다. 이를 위해서는 한랭지에 위치한 구조물의 경우에는 물－시멘트 비를 작게 할 필요가 있으며, 건조수축 등에 의한 균열이 발생하지 않도록 하는 것이 중요하다.

또한 물의 동결에 의한 압력 증대를 방지하는 방법으로 일반적으로는 AE제를 사용하여 콘크리트 속에 많은 공극을 도입하는 방법이 있다. 이 경

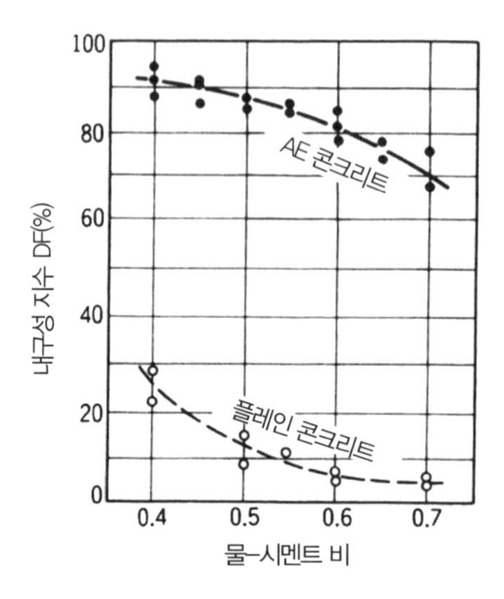

그림 공기량 및 물-시멘트 비가 콘크리트의 동결융해 저항성에 미치는 영향

우에 유효한 기포는 공기량, 기포간격 및 기포의 크기 등에 영향을 받는 것으로 알려져 있다. 앞의 그림에서 나타난 것처럼, 콘크리트의 동결융해저항성(내구성 지수)은 플레인 콘크리트보다도 엔트레인드 에어를 혼입한 AE 콘크리트가 훨씬 높게 나타난다. 그러나 공기 연행에 의해 강도는 저하하기

때문에(공기량 1% 증가에 강도는 4~6% 저하), 소요 저항성을 확보할 수 있는 범위에서 가능한 한 적은 공기량(약 4~7%)으로 하는 것이 중요하다.

Q 바다모래를 잔골재로 사용하기 위해서는 어떠한 주의가 필요한가?

해저, 해변 및 하구 등으로부터 채취한 '바다모래'의 품질은 '강모래'와 비교할 때 뒤떨어지는 것으로 알려져 있다. 일반적으로 바다모래는 강모래에 비하여 비중이 작고 흡수성도 큰 것이 많다고 알려져 있다. 또한 입도도 양호하지 못하고 치우치는 경향이 있으며, 입경도 작다. 그렇기 때문에 단위용적 중량도 작아진다. 이 바다모래를 콘크리트의 잔골재로써 사용하는 경우에는 염분처리, 조개껍데기 제거, 입도 조정 등에 주의할 필요가 있다.

바다모래에는 일반적으로는 염화물이 포함되어 있다. 바다모래에 대해 제염처리하지 않고 철근콘크리트 구조물 및 프리스트레스트 콘크리트 구조물에 사용하는 경우에는, 염소이온(Cl^-)이 강재 표면의 부동태피막을 파괴하여 내부의 철근 및 PC 강재를 부식시킬 위험이 있다.

바다모래를 잔골재로 사용하는 경우에는 채취 후에는 물기를 빼내기 위해 살수한 후 충분한 제염을 실시할 필요가 있다. 토목학회 콘크리트 표준시방서에서는 콘크리트 내부에 배치하는 강재를 보호하기 위해서 "반죽시 콘크리트 속에 포함되어 있는 염화물의 총량은 원칙적으로 0.30kg/m^3 이하로 한다"라고 규정되어 있다. 또한 콘크리트 속의 염화물 함유량은 대부분이 잔골재로부터 공급되는 것으로 여겨지기 때문에, 잔골재의 유해함유량에 대한 규정 중에 염화물(염화물 이온량)의 최대 한도치를 0.04%

(잔골재의 절건중량, 즉 골재에 수분이 없는 중량에 대한 백분율로써, NaCl로 환산한 값)로 규정하고 있다. 또한 염화나트륨은 알칼리 실리카 반응을 촉진시키는 작용도 있기 때문에, 이 점에 대해서도 충분히 주의를 기울일 필요가 있다.

바다모래에는 조개껍데기가 혼입하는 경우가 있다. 특별히 큰 조개껍데기가 혼입된 것이 아니라면 강도 등에는 영향을 미치지 않지만, 혼입량이 많은 경우에는 10mm 이하의 트롬멜(원통체)을 통과시켜서 사용하는 것이 바람직하다.

바다모래는 강모래와 달리 한 장소에서만 채취하는 경우에는 어느 일정 입경에 입도가 치우쳐 있는 경우가 있다. 이러한 경우에는 입도 조정이 필요하다.

이상과 같이 바다모래의 품질 확보를 위해서는 여러 가지 주의가 필요하며, 특히 염분 처리가 중요하다고 할 수 있다.

Q 물이 통과하기 어려운 수밀 콘크리트는 어떻게 만드는가?

콘크리트는 다공질 재료이기 때문에 모관작용에 의한 흡수, 압력에 의한 투수가 발생한다. 투수성이란 '물이 압력에 의해 물질 내부에 침입하여 투과하는 성질'을 말하며, 수밀성이란 '투수성이 작은 것'을 말한다. 따라서 물이 통과하기 어려운 콘크리트를 수밀 콘크리트라고 하며, 재료 및 배합을 충분히 검토하여 세심한 시공을 통해 균질하고 치밀한 콘크리트로 만든 것을 말한다.

수밀성을 요구하는 콘크리트 구조물로는 투수·투습에 의해, 구조물의 안전성, 내구성, 기능성, 유지관리, 외관 등이 영향 받는 구조물로써 각종 저장시설, 지하구조물, 댐 등의 수리 구조물, 저수조, 수영장, 상하수도시설, 도수로 터널 등을 들 수 있다.

콘크리트 내부를 통과하여 흐르는 물의 양은 콘크리트의 단면적, 시간, 수압에는 비례하며, 콘크리트의 두께에는 반비례한다. 이를 식으로 표현하면, $Q = K_c AtH/L$ [Q : 유량(cm^3/s), L : 콘크리트의 두께(cm), A : 단면적(cm^2), t : 시간(s), H : 수두차(cm)]가 되며, 비례정수 K_c(cm/s)는 물이 통과하기 쉬운 정도를 표현하는 지표로써, 투수계수라고 하며 투수계수가 작을수록 물이 통과하기 어렵게 된다.

수밀 콘크리트의 재료 및 배합에 관한 유의사항으로는,

① 물－시멘트 비가 55% 정도 이상이 되면, 콘크리트의 투수계수가 급격하게 커지게 되어 물을 통과하기 쉽게 되는 것으로 알려져 있다. 따라서 물－시멘트 비는 55% 이하를 표준으로 하고 있다.
② 단위수량이 커서 워커블하지 않은 콘크리트는 블리딩(일종의 재료분리로써 시멘트·골재가 침하하여 물이 상면으로 떠오르는 현상)이 많고, 시멘트 페이스트 속으로 물길 및 골재 하면에 연속된 수막을 만들기 때문에 타설한 콘크리트에 결함이 발생하기 쉽게 된다. 따라서 AE제 또는 AE 감수제를 사용하여 워커블한 AE 콘크리트로 하는 것이 바람직하다.
③ 플라이애쉬 및 고로 슬래그 미분말은 콘크리트 내부의 공극을 충전하여 포졸란 반응 등에 의해 수화물의 조직을 치밀하게 하여 수밀성을 증대시킨다.
④ 굵은 골재의 최대치수를 크게 하면 그 하면에 공극이 발생하기 쉽기 때문에 입형이 작은 것을 사용하여 잔골재율은 약간 크게 한다.

수밀 콘크리트 시공 시 유의사항으로는,

① 콜드조인트(하층과 상층 콘크리트가 일체화하지 못하면서 발생하는 경계면)가 누수의 원인에 되기 때문에, 콘크리트를 가능한 한 연속하여 타설하고 균질한 구조물을 만들 수 있도록 노력하지 않으면 안 된다. 그러기 위해서라도 적절한 타설이음부를 설치할 필요가 있다. 연직 타설이음부에는 지수판을 이용하는 것을 원칙으로 하고 있다.
② 타설 후의 양생은 충분히 실시하며, 초기의 습윤양생이 매우 중요하다.

서중 콘크리트는 어떠한 것에 주의를 기울여야 하는가?

여름철 더운 환경하에서 콘크리트를 반죽, 운반, 타설하게 되면 시멘트의 수화반응 촉진 및 수분 증발 등에 의해 콘크리트의 제반 성질이 변화하게 된다. 토목학회 콘크리트 표준시방서에서는 콘크리트 타설 시 기온이 30°C를 넘는 경우에는 서중 콘크리트로 시공하도록 하고 있으며, 고온에 의한 콘크리트 품질 저하가 발생하지 않도록 적절한 조치가 필요한 것으로 하고 있다.

서중 콘크리트로써 시공하기 위한 주의사항은 다음과 같다.

① 소요의 워커빌리티를 얻기 위한 단위수량으로는 기온 10°C 상승에 대해 대략 2~5% 정도의 증가가 필요하며, 이와 비례하여 단위시멘트 양도 증가시켜야 한다.

② 소요 공기량을 얻기 위해서는 AE제를 많이 추가할 필요가 있다. 또한 이때에 공기량 조절이 곤란한 경우에는 공기량의 불균일성이 슬

럼프 변화에 영향을 미치게 된다.

③ 현장 타설 실시 직전까지 슬럼프 감소가 크다.

④ 응결경화가 촉진되기 때문에 콜드 조인트가 발생하기 쉽다.

⑤ 표면의 수분이 급격하게 증발되어 균열이 발생하기 쉬워지고, 경화 후에도 건조수축이 크며 온도 저하 시 온도 균열이 발생하기 쉽다.

⑥ 고온으로 타설된 콘크리트는 장기강도 특성이 줄어든다.

재료 준비, 타설, 양생에 대한 유의사항으로는 다음과 같은 것들을 들 수 있다.

① 시멘트의 온도가 콘크리트 온도에 미치는 영향은 작지만, 고온의 시멘트를 이용하게 되면 급결 위험이 있기 때문에 주의가 필요하다. 따라서 중용열 시멘트 및 저열 시멘트 등의 수화열이 작은 시멘트가 유리하다.

② 통상적으로, 골재 온도 ±2°C에 대해서 콘크리트 온도가 ±1°C 변화할 정도로 골재온도가 콘크리트 온도에 미치는 영향이 크기 때문에, 골재는 직사광선을 피하고 굵은 골재에 살수하는 등 온도가 올라가지 않도록 관리할 필요가 있다. 냉수를 이용하여 온도를 낮추어주면 더욱 효과적이다.

③ 혼입수는 가능한 한 저온도의 것을 이용한다. 통상적으로 물 온도 ±4°C에 대해 콘크리트 온도는 ±1°C 변화하는 것으로 알려져 있다.

④ 단위수량을 줄이기 위해 감수제, AE 감수제를 이용하는 경우에는 지연제 유형을 이용하는 것이 효과적이다.

⑤ 타설 시의 콘크리트 온도는 35°C 이하로 하며, 콜드조인트가 생기지 않도록 적절한 시공계획이 필요하다.

⑥ 충분한 습윤 양생이 필요하며, 급격한 건조나 온도변화는 피하는 것이 필요하다.

Q 생 콘크리트와 레디믹스트 콘크리트는 어떻게 서로 다른가?

생 콘크리트는 정식적으로는 레디믹스트 콘크리트(ready mixed concrete, 레미콘)라고 한다. 콘크리트 제조 설비를 가진 전문 공장의 믹서로 완전히 교반이 완료된 콘크리트를 트럭 교반기 또는 트럭믹서(레미콘 믹서차)를 이용하여, 재료 분리를 방지하기 위해 지속적으로 교반해가면서 굳지 않은 상태로 시공현장으로 운송하여 사용하는 것을 말한다.

일본에서는 1949년에 동경에 레미콘 공장이 처음으로 등장하였으며, 그 후 대도시를 중심으로 제조공장이 매년 증가하였다. 그 결과 1995년도 시멘트 부문별 수요량을 살펴보면, 레미콘이 1위를 차지하며 그 수요량의 70.7%를 차지하고 있다. 이렇듯 레미콘 공업이 급속히 발전한 이유로는 다음과 같은 장점에 기인하고 있다.

① 현장별로 콘크리트 재료 수급이 편리한 점
② 각각의 개별 현장에서 콘크리트 제조 설비를 별도로 설치할 필요가 없는데, 도시의 좁은 공사현장에서는 이 점이 특히 큰 장점임
③ 자격을 가지는 기술자가 상주하는 우수한 설비공장에서 대량생산을 하기 때문에, 품질도 좋고 안정적이며 경제적임

레디믹스트 콘크리트를 사용하는 경우에는, 원칙적으로 일본공업규격 JIS A 5308 '레디믹스트 콘크리트'에 적합한 것을 이용하지 않으면 안 된다. 여기에는 레디믹스트 콘크리트의 종류, 품질, 배합, 재료, 제조 방법, 시험 방법 등이 규정되어 있다. 종류로는 보통 콘크리트, 경량 콘크리트 및 포장 콘크리트로 구분되며, 굵은 골재의 최대치수, 슬럼프 및 공칭강도를 조합한 다음 표에 나타낸 ○가 표시된 것을 사용한다.

공장 선정은 JIS 마크 표시의 허가 공장 중에서 콘크리트 주임기사 또는 콘크리트 기사 자격을 가지고 있는 기술자가 상주하고 있는 공장 중에서 선정한다. 또한 그 외에도 ① 타설현장까지의 운반시간(1.5시간 이내), ② 콘크리트의 제조 능력, ③ 운반차의 종류와 대수, ④ 콘크리트의 제조 설비, ⑤ 품질 관리 상태 등에 대해서도 충분히 검토한 후에 결정한다.

레미콘 구입 시에는 표의 조합 내에서 지정함과 동시에, 시멘트 및 골재 종류, 혼화 재료의 종류 및 사용량, 공칭강도를 보증하는 재령(28일 이외의 경우) 등 필요한 사항을 생산자와 협의하여 지정할 필요가 있다.

표 레디믹스트 콘크리트의 종류

콘크리트의 종류	굵은 골재의 최대치수(mm)	슬럼프(cm)	공칭강도(N/mm²)									
			16	18	21	24	27	30	33	36	40	휨 4.5
보통 콘크리트	20, 25	8, 12	○	○	○	○	○	○	○	○	○	
		15, 18		○	○	○	○	○	○	○	○	
		21			○	○	○	○	○	○		
	40	5, 8, 12, 15	○	○	○	○	○	○				
경량 콘크리트	15, 20	8, 12, 15		○	○	○	○	○				
		18, 21		○	○	○	○	○				
포장 콘크리트	20, 25, 40	2.5, 6.5										○

Q 현장이 아닌 공장에서 만드는 콘크리트 제품에는 어떠한 것들이 있는가?

관리 시스템이 잘 갖추어진 공장에서 제조된 콘크리트, 철근콘크리트 및 프리스트레스트 콘크리트 부재를 콘크리트 제품이라고 한다. 이것들은 프리캐스트 제품, 공장 제품, 시멘트 제품, 시멘트 2차 제품 등으로 불리기도 한다. 최근 건설공사에 종사하는 숙련된 기술자들의 부족과 고령화 현상과 더불어, 시공 현장 작업의 자동화·기계화·단순화 등 합리적인 시공이 요구되면서 콘크리트 제품이 다양한 공사 분야에서 사용되고 있다. 1995년도의 시멘트 부문별 수요량을 살펴보면, 콘크리트 제품은 레미콘에 이어 2위를 차지하고 있으며, 전체 수요량의 14.5%를 차지하는 것으로 나타났으며 향후에도 점차적으로 그 수요가 증대될 것이다.

콘크리트 제품의 종류는 매우 많으며 용도도 넓다. 주된 토목 제품을 그 종별로 살펴보면, 관류, 하수도 및 관개 배수용 제품, 도로용 제품, 지주 및 말뚝용 제품, 사면안정용 제품, 슬래브 및 거더용 제품 등이 있으며, 이들은 모두 일본공업규격(JIS)에서 그 종류, 형상, 치수, 제조 방법, 강도 등의 품질이 정해져 있다. 이 외에도 터널용 세그먼트, PC 침목, 슬래브 궤도, 방파제용 블록, 케이슨 등이 있다. 다음 표에는 다양한 콘크리트 제품을 나타내었다.

콘크리트 제품의 부재를 이용하는 공법들의 특징을 현장타설 콘크리트 공법과 비교하여 우수한 점을 살펴보면 다음과 같은 것들이 있다.

① 부재별 품질에 대한 불균질성이 적은 점
② 거푸집, 지보공을 필요로 하지 않으며, 동바리 등의 가설구조물을 줄일 수 있는 점
③ 기후의 영향을 크게 받지 않는 점
④ 공기를 단축시킬 수 있는 점
⑤ 부재 제조 시 진동대 및 가압 다짐장치 등 특수한 다짐 방법이 가능하며, 양생 방법도 증기양생과 같은 촉진 양생을 실시할 수 있음

표 각종 콘크리트제품 사례

종별	제품명
관 종류	RC관, 원심력 RC관, 소켓 달린 스팬 파이프, NRC관, 롤 전압 RC관, 코아식 PC관, 원심력 RC이형관
측구, 배수로제품	RCU형, 원심력 RCU형, 도로용 RC측구, RC흄, R벤치흄, NRCL형, RCL형, 원심력 RCL형
도로용 제품	보도용 콘크리트 슬래브, 콘크리트 중분대, 원심력 콘크리트 중분대, 암거용 블록
지주 및 말뚝제품	원심력 PC지주, 원심력 RC 말뚝, 프리텐션식 원심력 PC말뚝, 포스트텐션식 원심력 PC말뚝, 프리텐션식 원심력 고강도 PC말뚝
사면안정공, 호안용 제품	RC 사면보호공, RC 널말뚝, PC 널말뚝, 가압 콘크리트 널말뚝, 콘크리트 쌓기 블록, RCL형 옹벽
슬래브, 거더용 제품	슬래브교용 PC 거더, 거더교용 PC 거더, 경량 슬래교용 PC교 거더

Q 하천이나 바다와 같이 수중에서도 콘크리트 타설이 가능한가?

해수 및 담수 속에서 타설하는 콘크리트를 수중 콘크리트라고 한다. 수중에 만드는 구조물은 규모 및 주변 상황의 차이, 철근콘크리트 및 무근콘크리트와 같은 콘크리트의 종류 그리고 시공 방법 등에 따른 차이가 있기 때문에 ① 일반 수중 콘크리트, ② 수중 불분리성 콘크리트, ③ 프리팩트 콘크리트, ④ 현장타설 말뚝·지중연속벽에 사용하는 수중 콘크리트 등으로 구분된다.

일반적인 수중 콘크리트는 다짐이 불가능하기 때문에 적당한 유동성이 필요하며, 트레미 및 콘크리트 펌프를 이용하여 타설하는 경우에는 슬럼프 13~18cm로 하고, 재료 분리를 적게 하기 위해서 점성이 풍부한 배합이 되도록 할 필요가 있다. 그러기 위해서는 적절한 혼화제를 사용하여 잔골재율을 높게 그리고 부배합으로 하는 것이 바람직하며, 단위시멘트량의 최소치를 370kg/m^3, 물－시멘트 비의 최대치는 50%로 규정하고 있다.

수중 불분리성 콘크리트는 수중 불분리성 혼화제를 사용하며, 타설 시 소요의 수중 불분리성과 다짐없이 시공 가능한 정도의 유동성을 가지는 콘크리트를 말한다. 이 수중 불분리성 혼화제는 점착력이 강한 셀룰로스계, 알칼리계의 고분자가 들어 있기 때문에 수중에서 분리되지 않으며, 점성 효과를 증대시키기 위해서는 단위수량이 커지기 때문에, 감수제 및 고성능 감수제 등을 함께 사용한다. 굵은 골재의 최대치수는 재료 분리 및 충전성을 고려하여 20~25mm를 사용하고 있다.

배합은 수중 유동거리, 수질 오염 방지의 정도, 수중 낙하고 등의 시공 조건을 고려하여 소요의 수중 불분리성, 강도, 유동성 및 내구성 등이 얻어지도록 시험에 의해 정하고 있다.

시공 방법은 콘크리트 펌프 또는 트레미를 사용하는 것을 원칙으로 하고 있으며, 그 대표적인 예로 일본 아카시대교의 2P, 3P 주탑 기초공사 시 약 50만m^3의 시공실적이 있다.

프리팩트 콘크리트란 최소치수 15mm 이상인 굵은 골재를 거푸집 내에 채우고 그 공극에는 특수한 주입 모르터를 적당한 압력으로 주입하여 만드는 콘크리트를 말한다. 주로 수중에서 시공되는 경우가 많고, 일본 세토대교의 하부공(54만m^3) 등에서 대규모로 시공되고 있으며 1970년대부터 시공실적이 있다.

주입 모르터의 품질에 대해서는 유동성·주입성이 양호하며, 주입 시에는 재료 분리가 적고, 경화할 때까지는 블리딩이 적어야 하며, 적당한 정도의 팽창이 요구된다. 이를 위해서는 감수제·발포제·보수제·지연제 등의 혼화제에 대한 소요량을 충분히 검토하여 사용하는 것이 중요하다. 유동성, 화학 저항성의 향상, 수화열 저감 등의 목적으로 혼화재를 사용하는 경우에는 플라이애쉬를 사용하는 것이 효과적이다.

Q 댐용 콘크리트에 냉수·얼음을 사용하는 이유는 무엇인가?

콘크리트 댐은 부재치수가 매우 큰 구조물로써, 이러한 콘크리트를 매스콘크리트(mass concrete)라고 하며, 장대 현수교의 주탑기초 및 앵커리지도 매스콘크리트로 취급하고 있다. 매스콘크리트는 적절한 온도 대책을 강구하지 않으면, 콘크리트 경화 시의 시멘트 수화열에 의한 온도 상승이 크고, 그 이후 경화 콘크리트의 온도 강하 시에는 내부와 표면과의 온도차가 커지면서 수축변형이 구속되어, 콘크리트에는 균열(온도균열이라고 함)이 발생하게 된다.

댐 콘크리트에 발생하는 균열은 구조물의 일체성을 잃어버리게 되어 구조적 안전성에 영향을 미칠 뿐만 아니라, 누수의 원인이 되어 저수기능도 잃게 되는 등의 문제점을 야기할 수 있기 때문에 댐 콘크리트에서는 온도균열 방지에 대한 대책을 강구하지 않으면 안 된다.

균열방지 대책으로는 수화열이 낮은 시멘트 사용, 단위시멘트량의 저감, 리프트 높이(한 번에 연속하여 타설하는 콘크리트의 두께) 및 타설 간격의 규제, 수축이음부 설치, 파이프쿨링, 프리쿨링 등이 있다.

프리쿨링이란 콘크리트 재료의 일부 또는 전부를 냉각하여 타설 시 콘크리트의 교반 온도를 낮추어 콘크리트의 최고 상승 온도를 억제하는 방법이다. 구체적인 방법으로는 교반수의 냉각, 골재 냉각, 콘크리트 냉각을 들 수 있다.

교반수의 냉각에는 냉동기를 사용하여 5°C 정도의 냉수를 만드는 경우와 아이스 플랜트를 설치하여 교반수의 일부에 얼음을 사용하는 방법이 있다.

골재의 냉각 중에서 굵은 골재 냉각은 오랜 옛날부터 냉수 및 냉풍을 이용하는 방법이 있다. 그러나 잔골재의 경우에는 표면수를 일정한 상태로 유지시키기 어려워 일반적으로 이용되지 않았으나, 최근에는 ① 잔골재를 뒤섞어가면서 액화질소를 불어넣어 급냉시키는 방법(잔골재의 온도 −50~−100°C 가능), ② 잔골재 용기 내부의 공기를 감압하여 표면수를 증발시키고 그때의 기화열로 잔골재 온도를 저하시키는 방법, ③ 잔골재를 회전하는 드럼 내에 넣어서 살수해가면서 회전시켜, 표면수를 4~5%로 일정하게 관리하면서 냉각시키는 방법 등이 사용되고 있다. 이러한 기술은 모두 새롭게 개발된 것으로써, 일본 아카시대교 주탑 기초공사에 사용되어 3°C 냉수를 이용하여 잔골재를 8°C까지 냉각시킨 실적이 있다.

콘크리트의 냉각에는 액화질소를 믹서에 직접 투입하는 방법과 콘크리트를 반죽한 후 교반기 트럭에 액화질소를 혼입하여 냉각시키는 방법이 있다.

콘크리트의 프리쿨링은 콘크리트 품질에 악영향이 미치지 않도록 주의를 기울이지 않으면 안 된다. 향후, 대형 구조물의 증가 및 콘크리트 구조물의 내구성 확보에 대한 요구로 인해 매스콘크리트 공사에서의 프리쿨링 적용이 점점 증가할 것으로 기대된다.

고성능 콘크리트란 어떤 콘크리트인가?

최근, 콘크리트 구조물의 신뢰성 향상, 합리적인 시공, 공정 단순화 등의 목적으로 다짐이 불필요한 유동성 높은 콘크리트의 실용화를 향한 연구개발이 진행되었으며, 시공 사례도 점차 늘어나고 있다.

이 콘크리트에 요구되는 중요한 성능은 콘크리트 타설 시 내부 진동기를 사용하는 등 다짐작업을 실시하지 않더라도 자중에 의해 거푸집 구석구석까지 충전되는 자기 충전성을 들 수 있다. 이를 위해서는 '뛰어난 유동성(변형성)'과 철근 등 장애물과의 사이를 골재분리 또는 막힘에 의한 폐색이 없는 '재료 분리 저항성(점성)'을 겸비하지 않으면 안 된다. 이러한 콘크리트를 '고유동 콘크리트', '다짐이 불필요한 콘크리트', 또는 '자기충전 콘크리트(고성능 콘크리트)'라고 한다.

일반적으로는 단위수량을 증가시키면 슬럼프가 커지게 되어 유동성은 증가하는데, 콘크리트의 점성이 작아져서 재료 분리에 대한 저항성이 줄어든다. 이러한 상반되는 특성을 함께 가지도록 하기 위해서는 사용하는 재료의 선정, 이들의 적절한 조합 및 배합 설계가 필요하다.

최근의 연구성과 및 시공실적으로부터 고유동성 콘크리트의 재료와 배합상 특징을 다음과 같이 정리하였다.

① 시멘트 및 혼화재(분말형 재료)는 보통 포틀랜드 시멘트, 고로 슬래그 미분말, 플라이애쉬, 석회석분말이 이용되고 있는데, 보통 포틀랜드 시멘트가 단독으로 사용되는 경우는 거의 없고, 혼합 시멘트나 혼화재로써 사용되고 있다. 이들 분말형 재료의 사용량은 비교적 많으며, 500kg/m^3 정도이다.

② 점성을 증가시키기 위해서는 물−분말형 재료의 비를 30~35%로 작게 하는 것이 효과적이다.

③ 보통의 고로 슬래그 미분말보다도 고분말도(~10,000cm^2/g)의 것을 사용하게 되면 모르터의 점성이 커지는데, 결과적으로는 분리저항성이 증대되어 효과적이다.

④ 물−분말형 재료의 비가 작은 조건에서, 높은 유동성이 요구되는 고

유동 콘크리트에서는 AE 감수제와 고성능 감수제를 함께 사용하거나 고성능 AE 감수제를 사용한다.

⑤ 고유동성 콘크리트의 점성을 높여서 재료 분리 저항성을 개선하고 품질의 안정화를 꾀하기 위해서는 분리저감제(증점제)가 중요한 재료이다.

고유동성 콘크리트는 숙련 기능자의 고령화뿐만 아니라 기술자 기량 등에도 좌우되지 않는 고품질과 안정성을 가지고 있기 때문에, 장기적으로 기계화 및 무인화 시공으로의 발전이 기대되는 새로운 콘크리트이다.

투수 콘크리트, 녹화 콘크리트 등은 어떠한 콘크리트인가?

도시가 콘크리트 및 아스팔트로 뒤덮여 우수가 지하에 침투되기 어렵게 되면서 도시하천의 범람, 지하수위의 저하, 지반침하 등 다양한 문제가 등장하고 있다. 이로 인해 투수 콘크리트에 대한 연구 개발이 주목된다. 투수 콘크리트란, 콘크리트 경화체 내부에 공극을 많게 하여 물이 통과하기 위한 연속된 공극을 가지게 한 다공질의 콘크리트를 말한다. 이를 위해서 굵은 골재의 경우는 단일 입도가 바람직하며 따라서 잔골재는 사용하지 않기 때문에 노파인즈 콘크리트(No Fines Concrete)라고 하기도 하고, 다공질 특성으로 인해 포러스 콘크리트(Porous Concrete)라고 부르기도 한다.

또한 법면녹화 및 도시 구조물의 옥상녹화를 위해 투수 콘크리트에 직접 식물을 발아시키는 것을 녹화 콘크리트 또는 식재 콘크리트로 부르기도 한다. 식재 콘크리트는 연속적인 공극을 가지는 포러스 콘크리트 블록의 공극부에 배양토, 비료, 종자를 서로 혼합한 재료를 특수한 기술에 의해 충전시킨 것이다.

투수 콘크리트의 배합과 성질을 요약하면 다음과 같다.

① 굵은 골재로는 일반적으로 도로공사용으로 사용되는 단일입도 쇄석을 사용한다.

② 단위시멘트량은 굵은 골재가 시멘트 페이스트로 덮이는 정도로는 최소한 필요하며, 300~400kg/m^3 정도이다.

③ 물－시멘트 비의 최적치는 30~40%의 범위이며 시멘트 페이스트의 적정한 정도의 점성과 다짐이 가능한 범위로 정하게 된다. 즉, 물－시멘트 비가 너무 크면 시멘트 페이스트가 골재로부터 흘러나가버리게 되며, 반대로 낮은 물－시멘트 비에서는 굳어져서 다짐이 어렵게 된다.

④ 고성능 감수제 및 실리카흄과 같은 미립의 포졸란질 재료의 사용은 시멘트 페이스트의 플래쉬한 시점부터 경화 후 강도 발현시점까지 개선하는 데 유효하다.

⑤ 강도와 연속공극을 어느 정도 가지게 하는가가 중요한데, 일반적으로는 단위 굵은 골재량을 일정하게 하고, 골재의 공극에 결합재를 충전하는 방법이 합리적인 방법으로 알려져 있다. 또한 결합재의 실용적인 충전율은 15~35%로 알려져 있으며, 시험 비비기에 의해 적절한 배합을 정해둘 필요가 있다.

⑥ 투수 콘크리트의 강도는 물-시멘트 비의 영향은 크지 않으며, 모르터양과 공극률과의 관계에서 거의 결정되며, 공극률이 증대함에 따라서 강도는 직접적으로 저하하고 투수계수는 커지게 된다.

⑦ 투수 콘크리트의 공극률과 잔디의 발아 개수와의 관계에서는 공극률 30% 정도에서 증가하고 있기 때문에, 공극률을 30% 이상으로 하는 것이 식생 측면에서 요구되는 특징이다.

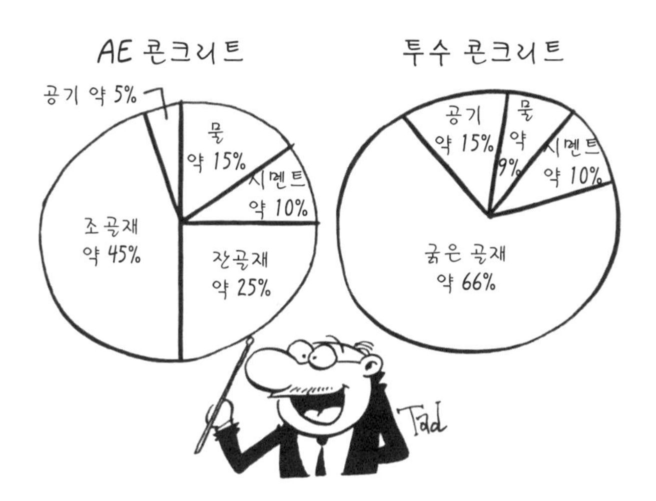

Q 콘크리트 관련의 규격 및 기준에는 어떠한 것들이 있는가?

건설공사 현장이나 공장에는 수많은 재료 및 부품을 사용하는데, 이들의 품질, 형상, 치수 등의 규격이 통일화되어 있다면, 동일 품질의 생산량 증가, 품질 향상, 설비 개선 등을 통해 생산 경비의 절감, 취급상의 단순화, 사용 및 소비의 합리화 등의 중요한 역할을 하게 된다.

일본에서의 콘크리트 관련 최초 규격은 '포틀랜드 시멘트의 시험 방법'이며, 1905년에 일본 농림성 고시문 제35호로 발표되었다. 이후 1921년 상공업성에서 공업품질규격에 대한 통일 조사회가 만들어졌으며, 1933년에 일본표준규격(JES)이 제정되었다. 이어서 1943년에는 이를 다시 개정하여 임시공업표준규격(임시 JES)이 되었다. 그리고 1946년 공업표준화법이 시행되었으며, 이에 기초한 일본공업규격(Japan Industrial Standard, JIS)이 국가규격으로 제정되었다. JIS에는 광공업 제품의 재료, 계기 등에 대한 기술 용어, 종류, 품질, 형상, 치수, 성능, 시험 및 분석 등이 규정되어 있으며 2000년대 초반인 현재 약 9,000건의 규격이 있다.

JIS의 분류는 17개 부문으로 나누어지는데, 규격번호를 붙이는 방법은, 예를 들어 JIS A 1102-1995와 같이, JIS의 뒤에 부문을 표시하는 알파벳(A: 토목·건축, D: 자동차, G: 철강, R: 요업, Z: 기본 및 일반 등)과 함께 4개의 숫자를 사용하고, 그 최초의 2개 숫자는 분류번호(예를 들어, 일반사항, 시험 및 조사, 재료 및 부품 등의 분류를 나타냄), 다음은 규격번호, 제정 또는 개정연도가 그 뒤에 나타낸다.

토목재료에 관한 규격은 토목건축공업, 요업 및 철강업 부문에 포함되는 것이 많고, 시멘트·골재 및 콘크리트에 관한 시험 방법의 규정이 약 40건, 시멘트, 골재, 봉강, 포장재료 등 재료에 관한 규정과 콘크리트 제품에 관한 규정이 약 60건에 이르고 있다. JIS는 적어도 5년이 경과할 때마다 공업표준조사회에서 심의하여, 확인·개정 또는 폐지의 조치가 취해지고 있다.

외국규격 몇 가지를 들어보면, ① ASTM 규격(American Society for Testing and Materials: 미국 시험 재료학회), ② BS(British Standards: 영국 규격), ③ DIN(Deutsche Industrie Norm: 독일공업규격), ④ NF (Norme France: 프랑스 규격) 등이 있으며, 국제규격으로는 ISO(International Organization for Standardization: 국제표준화기구)가 있다.

일본토목학회에서는 콘크리트 표준시방서를 제정하여 콘크리트 구조물의 설계·시공에 관한 일반적인 표준을 제시하고 있다. JIS에 규정되어 있지 않는 재료 및 시험 방법에 대해서는 일본토목학회기준으로 제시하고 있다. 또한 일본건축학회에서는 건축공사표준사양서(JASS 5 철근콘크리트 공사)를 제정, 일본콘크리트공학협회 및 일본도로협회 등에서도 기준 및 지침을 제시하고 있으며, 그 외에도 건설성, 운수성, 각 공단 등에서도 설계·시공에 관한 시방서 및 기준 등을 정하고 있다.

강재·콘크리트의 중요한 성질 3

3 강재·콘크리트의 중요한 성질

Q 콘크리트 강도를 조사하는 방법에는 어떠한 것들이 있는가?

일반적으로는 비교적 느린 속도로 재료에 하중(외력)을 가할 때, 파괴 시의 응력(응력도)을 정적강도라고 한다. 또한 일반적으로 콘크리트의 강도라 하면 '압축강도, f_c'를 말한다. 이는 콘크리트 구조물에서 콘크리트는 주로 압축응력에 저항하는 재료로 사용하고 있는 점과 압축강도로부터 그 외의 다른 강도를 추정할 수 있기 때문이다.

콘크리트의 강도는 강재 등과는 달리, '압축강도', '인장강도, f_t' 및 '휨강도, f_b'가 서로 다른 값을 나타낸다. '압축강도'를 1로 할 때, '인장강도'는 약 1/10~1/15, '휨강도'는 약 1/5~1/7 정도이다.

콘크리트의 '인장강도'가 '압축강도'에 비하여 작기 때문에, 철근콘크리트(RC) 구조물의 설계 계산에서는 인장을 받는 쪽의 콘크리트 강도는 계산 시 무시하고 0으로 처리한다. 인장력은 콘크리트 속의 철근이 모두 받는 것으로 하고 있다.

'압축강도'에 비하여 '인장강도' 및 '휨강도'가 작은 원인은 콘크리트 속에 존재하는 많은 공극 때문만은 아니며, 골재와 시멘트 페이스트와의 경계면에 응력 집중 등으로 인한 균열이 발생하기 때문인 것으로 알려져 있다. 이러한 재료를 취성 재료라고 한다.

다음 그림에는 강도 종류에 따른 시험 방법을 나타내었다. 여기서 '휨강도'는 진정한 의미의 '휨강도'가 아니고 시험체를 탄성보로 가정하여 구한 값이다. 인장 측이 파괴되었음에도 불구하고 '인장강도'보다 큰 값을 나타내는 것은, 그림에 나타낸 바와 같이 파괴 시에는 소성적 특성을 나타내기 때문이며, 본질적으로 강도가 크기 때문은 아니다. 그렇기 때문에 세계 여러 나라에서는 '휨강도'라고 하지 않고 '파괴계수, modules of rupture'라고 부르고 있다.

압축강도 f_c' 시험

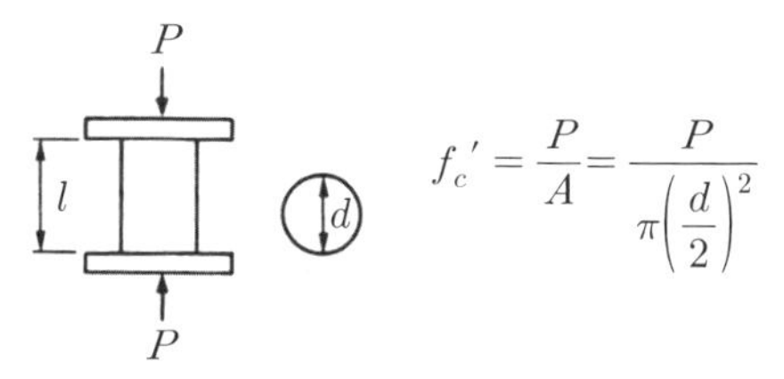

인장강도 f_t 시험

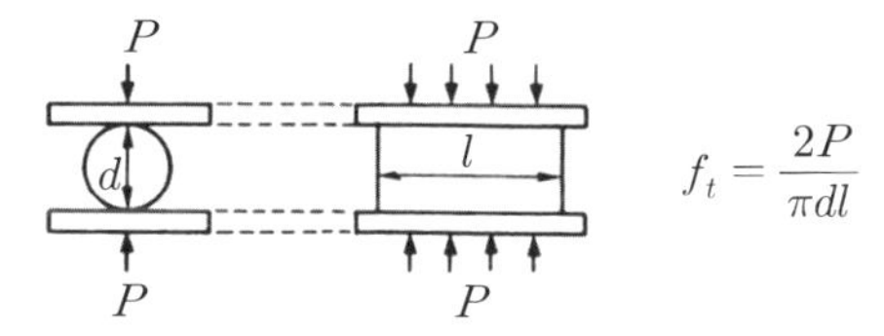

휨강도 f_b 시험

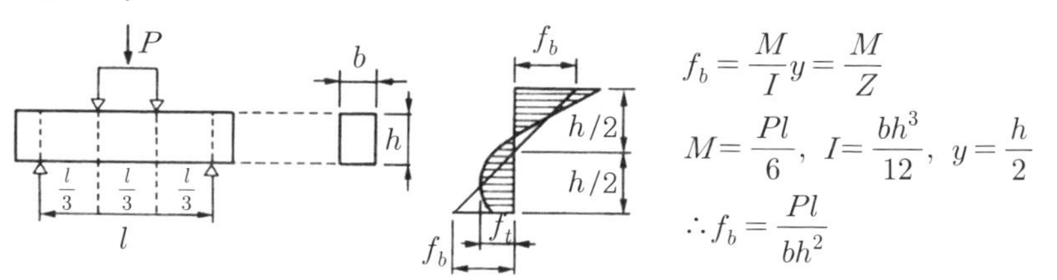

그림 콘크리트 강도 종류별 시험 방법

Q 강한 콘크리트를 만들기 위해서는 어떻게 해야 하는가?

일반적으로 구조물에 사용되는 콘크리트의 압축강도는 20~50N/mm^2 정도이다.

콘크리트의 강도는 그 파괴 메커니즘과 밀접한 관계가 있다. 통상적으로, 콘크리트가 파괴되는 경우에는 ① 시멘트 페이스트가 파괴되거나, ② 골재와 시멘트 페이스트와의 부착파괴, ③ 골재 자체가 파괴하는 경우를 각각 생각할 수 있다. 따라서 콘크리트의 파괴를 생각하는 경우에는 이러한 각각의 파괴에 대해서 해명할 필요가 있다.

③의 골재 자체 파괴에 관해서는, 일반적으로 골재 강도는 시멘트 페이스트 또는 모르터의 강도보다도 상당히 크기 때문에 콘크리트 강도에 영향 미치지는 않는다. 다만 인공적으로 만든 경량골재와 같은 취약한 재료를 혼입한 경우에는 강도를 약화시키기도 한다.

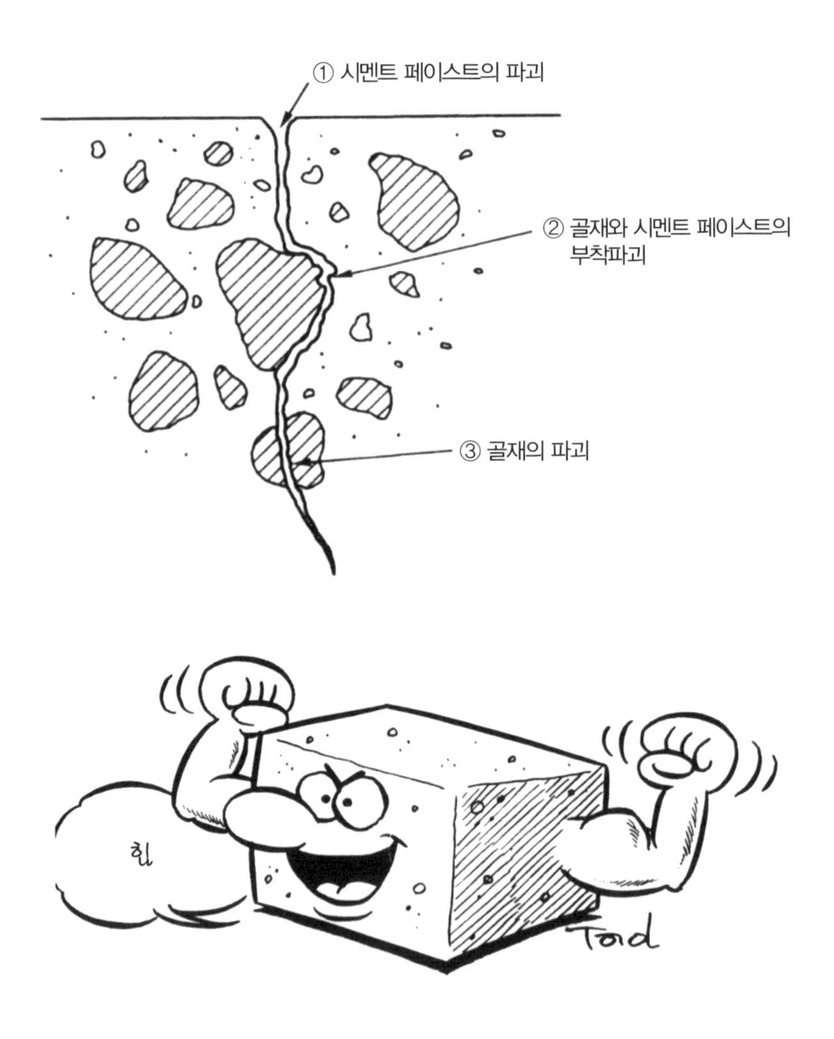

②의 골재와 시멘트 페이스트와의 경계면의 부착파괴에 관해서는, 재료 분리가 크고 또 골재 경계면에 블리딩수가 형성되어 결함부가 발생한 경우에는 콘크리트의 강도 저하를 유발하지만, 재료 분리가 크지 않은 콘크리트라면 경계면의 영향도 작고 콘크리트의 강도는 시멘트 페이스트의 영향도 초월한다.

①의 시멘트 페이스트의 강도는 페이스트 내의 공극량 및 그 직경의 크기에 의해 영향을 받는다. 즉, 이것은 물－시멘트 비(시멘트 페이스트의 농도)와 재령에 의해 결정되며, 물－시멘트 비(W/C)가 작고, 재령이 오래된 것일수록 강도가 높다. 이것은 시멘트의 수화반응에 의해 공극이 시멘트 겔에 의해 제거되어 공극이 감소하기 때문이다.

이 외에도 콘크리트 강도에 영향을 미치는 원인으로는 다음과 같은 것들이 있다.

- 콘크리트 재료의 품질(시멘트, 골재, 물, 혼화 재료)
- 콘크리트의 배합(조합)(물－시멘트 비, 공기량, 혼화 재료)
- 시공 방법(비비기, 다짐, 양생)
- 재령

Q 콘크리트의 인장 시험은 어떻게 하는 것인가?

콘크리트의 인장 시험 방법은, ① 할렬 강도 시험(JIS A 1113)과 ② 순인장강도 시험(일축 인장강도 시험)이 있는데, 일반적으로는 할렬 시험을 이용한다.

이 시험의 원리는 탄성론에 의한 다음 식에 의해 계산된다. 탄성원판의 직경방향에 집중하중(P)을 가하면 재하방향에는 다음 그림에 나타낸 것과 같이 일정한 인장응력(σ_t)이, 이에 직교하는 측에는 압축응력(σ_c)이 각각 발생한다. 이 응력의 크기는,

$$\sigma_t = \frac{2P}{\pi dl}$$

$$\sigma_c = \frac{6P}{\pi dl} \text{ (최대치)}$$

여기서, P: 하중, d: 직경, l: 길이

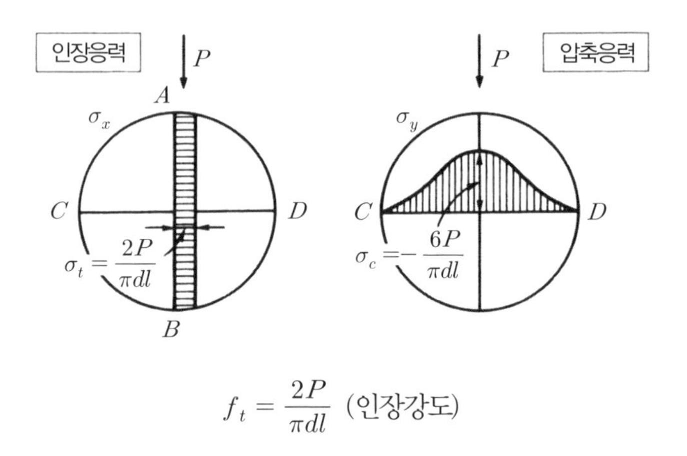

$$f_t = \frac{2P}{\pi dl} \text{ (인장강도)}$$

인장응력 3배의 압축응력이 중심부에 발생하는데, 콘크리트의 인장강도는 압축강도의 약 1/10 이하이기 때문에 인장파괴가 먼저 발생하며, 인장강도(f_t)를 구하는 것이 가능하다.

$$f_t = \frac{2P}{\pi dl}$$

이 방법으로 구한 인장강도는, 순 인장강도에 의해 얻어진 값과 거의 일치하는 것으로 알려져 있다.

또한 압축강도(f'_c)와 인장강도 (f_t)와의 비를 취도계수라 하며, 재료의 여린 정도를 나타내는 척도로 사용되고 있다.

$$취도계수 = \frac{압축강도(f'_c)}{인장강도(f_t)}$$

콘크리트의 취도계수는 앞에서 언급한 바와 같이 10~15(강재는 1.0) 정도이다.

조기재령 콘크리트의 경우에도 강도 추정이 가능한가?

콘크리트의 강도는 일반적으로 재령과 함께 증가하는데, 그 증가 정도는 조기재령일수록 현저하다. 압축강도와 재령과의 관계에 대해서는 D.A. Abrams가 습윤 양생한 경우에 대해 다음과 같은 실험식을 제안하였다.

$$f'_c = \alpha \log t + \beta$$

여기서, f'_c: 콘크리트의 강도

t: 재령

α, β: 정수

일본건축학회는 다음 표에 나타낸 것처럼 재령 7일 강도와 재령 28일 강도와의 관계를 제안하고 있다.

양생 온도와 재령의 양면의 영향을 나타내는 방법으로 적산 온도(M: Maturity)가 있다.

$$f'_c = A \log_{10} M + B$$

여기서, M: Maturity(°C 일, °C 시간)

$M = \Sigma(\theta + 10)\Delta t$

θ: 콘크리트의 양생 온도(°C)

Δt: 양생 시간(일 또는 시간)

또한 재령 7일 강도(f'_7)로부터 재령 28일 강도(f'_{28})을 추정하는 식으로는, 예를 들어 Slater는 다음 식을 제안하였다.

$$f'_{28} = f'_7 + \sqrt{f'_7} \text{ (단위: kgf/cm}^2\text{)}$$

한편 Oregon State Highway Commission(미국 오레곤주 도로위원회)

는 6×12in 원기둥 공시체 6,000개의 시험 결과로부터 다음 식을 제안하였다.

$$f'_{28} = 1.51 f'_7 + 3.43 \text{ (단위: kgf/cm}^2\text{)}$$

표 콘크리트의 7일 압축강도로부터 28일 압축강도 추정식

공시체의 양생 방법	콘크리트 타설로부터 4주 후까지의 기간의 예상 평균기온(°C)	보통 포틀랜드 시멘트, 고로 시멘트 A종, 플라이애쉬 시멘트 A종, 실리카시멘트 A종의 경우의 F_{28}(kgf/cm²)	조강 포틀랜드 시멘트인 경우의 F_{28}(kgf/cm²)
21°C±3°C의 수중양생의 경우	15 이상	$1.35F_7+30$	F_7+80
	10~15	$1.35F_7+10$	F_7+65
	5~10	$1.35F_7-10$	F_7+50
	2~5	$1.35F_7-20$	F_7+40
	0~2	$1.35F_7-35$	F_7+20
공사현장의 옥외 수중양생인 경우	15 이상	$1.35F_7+30$	F_7+80
	10~15	$1.35F_7+50$	F_7+90
	5~10	$1.35F_7+70$	F_7+95
	2~5	$1.35F_7+80$	F_7+100
	0~2	$1.35F_7+100$	F_7+110

주) 1종, 2종 및 3종 경량 콘크리트인 경우에도 동일하게 적용

콘크리트는 탄성체인가 아니면 소성체인가?

콘크리트에 하중이 정적으로 작용하는 경우에 응력과 변형률의 관계는 그림 1과 같이 나타난다. 압축의 경우는 변형률이 약 0.2~0.3%에서 최대 내력을 나타내며, 그 이후에는 소성 거동을 보이다가 마지막에는 취성적 파괴를 보인다. 그림에 나타낸 바와 같이 응력－변형률 곡선은 직선을 나타내지는 않는다. 따라서 콘크리트는 엄밀하게는 탄성체가 아니며, 일반적으로 Young의 계수를 하나의 수치로써 결정하는 것은 곤란하다.

이러한 이유로 인해 콘크리트를 탄성체로 다루기 위해, 토목학회에서는 '콘크리트의 정탄성계수 시험법'을 제시하고 압축 시험을 실시하여 Young 계수, E를 결정하고 있다. 구체적으로는, 각 시험으로 응력－변형률 곡선을 구하여, 압축강도의 1/3의 점과 변형률이 50×10^{-6}의 점(원점)을 연결한 직선의 기울기로부터 얻어지는 할선탄성계수의 평균치를 Young 계수 E로 하고 있다(그림 2). 단순히 탄성계수라든가 Young 계수라고 하는 경우에는 바로 이 할선탄성계수를 의미한다.

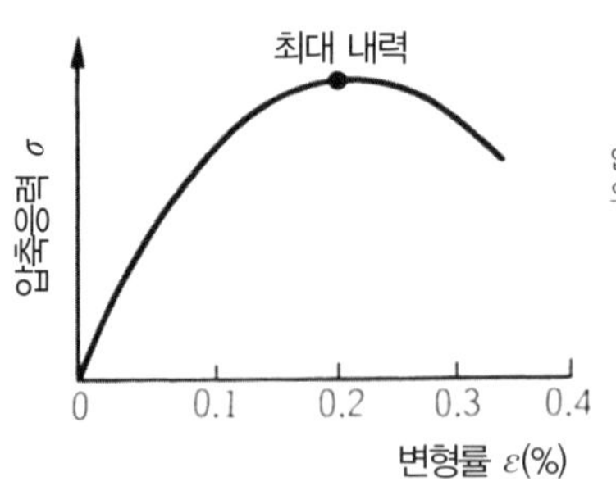

그림 1 콘크리트의 응력－변형률 곡선

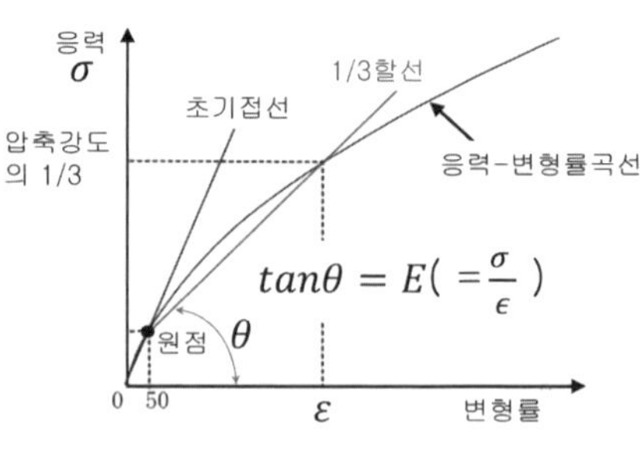

그림 2 콘크리트의 Young 계수 E

또한 토목학회 콘크리트 표준시방서에서는 극한한계상태에서의 휨모멘트 및 휨모멘트와 축방향력을 받는 부재의 단면파괴를 검토할 때에는, 그림 3에 나타낸 것과 같은 응력－변형률 곡선 모델을 이용하도록 하고 있다. 여기서 f'_{cd}는 설계압축강도, f'_{ck}는 설계기준강도이다. 또한 $k_1 \cdot f'_{cd}$는 콘크리트의 최대응력, k_1 은 저감계수이다. 한편 콘크리트의 횡방향 변형률과 종방향 변형률의 비를 포아송비라 하며, 탄성 범위에서는 일반적으로 0.2를 사용한다.

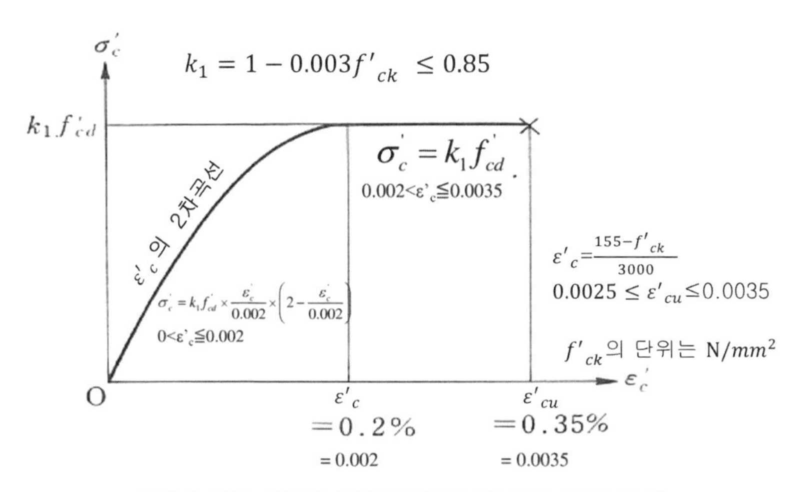

그림 3 응력－변형률 곡선 모델(일본 콘크리트 표준시방서)

Q 물-시멘트 비 등 콘크리트 강도에 관한 중요한 법칙은 무엇인가?

콘크리트의 배합(조합)에서 강도에 가장 큰 영향을 미치는 것은 시멘트 페이스트의 농도, 즉 물-시멘트 비(W/C: 질량비)이다.

1918년 미국의 D.A. Abrams는 "단단한 골재를 이용한 플라스틱한 콘크리트를 적절하게 시공하는 경우에 콘크리트의 강도는 시멘트 페이스트의 물-시멘트 비에 의해 지배받는다"라고 하는 유명한 '물-시멘트 비 이론, water-cement ratio theory'를 발표하였다.

콘크리트의 강도와 물-시멘트 비와의 관계는 다음과 같다.

$$f'_c = \frac{A}{B^x}$$

여기서, f'_c: 콘크리트의 강도

x: 물-시멘트 비

A, B: 시험 조건 등에 의한 정수

그 후 노르웨이의 Inge Lyse는 1932년에 물-시멘트 비 대신에 그 역수인 시멘트-물 비(C/W)가 강도와 직선관계라는 것을 발표하였다. 이것을 '시멘트-물 비 이론, Cement-water ratio theory'라고 한다.

현재는 이 두 가지 이론을 나타내는 실용적인 식으로 다음과 같은 일차식이 사용되고 있다.

$$f'_c = ax + b$$

여기서, f'_c: 콘크리트의 강도

x: 시멘트-물비

a, b: 시험 조건 등에 의한 정수

또한 미국의 A.N. Talbot는 1923년에 '시멘트-공극비 이론, Cement-space ratio theory 또는 Void theory'를 발표하였다. 이것은 다음 식에 나타낸 것처럼, 콘크리트의 강도는 시멘트 공극비와 직선관계에 있다는 것이다.

$$f'_c = A \cdot \frac{V_c}{V_w + V_a} + B$$

여기서, V_c: 시멘트의 절대용적

V_w: 물의 절대용적

V_a: 공기의 용적

A, B: 시험 조건 등에 의한 정수

이 식은 공기가 연행되는 AE 콘크리트의 배합(조합)에 적용된다.

철근 이외에도 콘크리트를 보강하는 재료는 없는가?

콘크리트 구조물의 보강 재료는 콘크리트의 단점, 즉 압축력에 비하여 인장력이 낮은 점을 보강하는 것이 주된 목적이다.

일반적으로 보강 재료는 철근, PC 강재, 철골, 섬유 및 연속 보강섬유(FRP) 등이 있는데, 철근 및 PC 강재에 관해서는 다른 페이지에서 다루고 있기 때문에, 여기서는 철골과 섬유에 대해서 설명하기로 한다.

콘크리트 내에 철근 대신에 철골을 넣은 콘크리트를 철골 콘크리트(Steel Concrete, SC)라고 한다. 그리고 철골 주변에 철근을 배치하기도 하는데, 이를 철골철근콘크리트(Steel Reinforced Concrete, SRC)라고 한다.

철골을 사용한 콘크리트는 다음과 같은 이점이 있다.

① 철근콘크리트에 비하여 단면을 줄일 수 있다.

② 경간을 크게 할 수 있다.

③ 내력, 강성 및 인성이 커진다.

콘크리트의 인장력을 보완하기 위해서, 콘크리트 내에 강섬유, 탄소섬유, 아라미드섬유 및 유리섬유 등을 조그맣게 잘라서 혼입한 섬유보강 콘크리트(FRC)는 비교적 최근에 실용화되었다.

FRC는 숏크리트 콘크리트, 단면이 얇은 덮개 및 커튼 월 등의 프리캐스트 부재, 또는 해양구조물의 철근 부식을 방지하기 위한 영구 거푸집으로 사용되고 있다.

탄소섬유, 아라미드 섬유 및 유리섬유 등을 짧게 절단하지 않고, 에폭시 수지 및 비닐 에스테르 수지 등의 플라스틱으로 연속적으로 묶어서 경화시킨 것이 FRP(Fiber Reinforced Plastic)이다. FRP는 비중이 1.3~2.7 정도이며, 강재와 비교하여 약 1/3 정도지만, PC 강재와 동일한 정도 또는 2배 정도 높은 인장강도가 있으며, 내부식성에도 우수하기 때문에 해양구조물의 보강재로써 기대된다.

또한 자성을 띠지 않는 특성을 살려 자기부상열차와 관련된 콘크리트 구조물의 철근을 대신한 보강재로써도 적용되고 있다.

Q 왜 이형 철근을 사용하게 된 것인가?

철근콘크리트는 철근과 콘크리트가 일체가 되어 외력에 저항하도록 고안된 복합재료의 일종이기 때문에, 각각의 재료가 응력 전달 시에 서로 일체 거동하지 않으면 안 된다.

예를 들어, 표면이 매끄러운 원형 강봉에 구리스 등의 기름을 바르거나 또는 기름종이를 감싸고서 콘크리트 내부에 매입하여 인장력을 가하는 것을 생각해보자. 이 경우에는 재료 간에 부착력이 없기 때문에 철근으로 응력이 전달되지 않고서 콘크리트에는 간단하게 균열이 발생한다. 즉, 철근은 콘크리트 내에서 무의미한 재료로써 인장력에 전혀 저항하지 못하게 된다.

철근과 콘크리트와의 부착력은 충분히 크지 않으면 안 된다. 이러한 점으로 인해 매끄러운 원형의 강재보다도 부착력을 크게 하기 위해서 표면에 돌기를 설치한 이형 철근을 개발하여 사용하게 되었다(그림).

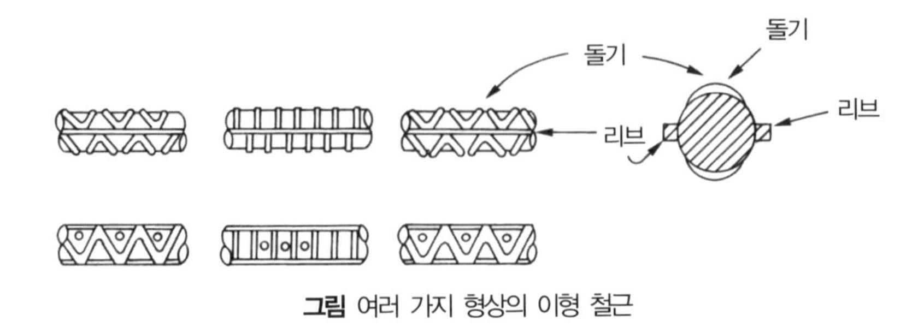

그림 여러 가지 형상의 이형 철근

이렇듯이 철근에는 원형 철근과 이형 철근이 있다. 그림에 나타낸 것처럼 이형 철근은 원형단면에 리브 또는 돌기 등의 표면요철을 설치하였기 때문에, 이에 의해 부착강도가 커지게 된다.

철근의 종류 및 강도 등을 기호로 표시하는 사례를 살펴보면 다음과 같다.

〈예〉

SD 345, SR 295

S: Steel

D: 이형 철근 Deformed Bar(R: 원형 철근 Round Bar)

345: 항복점 또는 0.2% 내력(N/mm^2)

이렇듯이 기호를 보는 것만으로도 철근의 종류, 기계적인 성질 등을 알 수 있도록 하고 있다.

현재는 모든 철근콘크리트 구조물에 이러한 이형 철근이 사용되고 있다.

Q 철근콘크리트에서 'Young 계수비'란 무엇인가?

Young 계수비 n은 철근의 탄성계수 E_s와 콘크리트의 탄성계수 E_c와의 비를 의미하며, $n = E_s/E_c$로 나타낸다. 그런데 이 Young 계수비는 어떠한 경우에 활용되며, 어떠한 의미를 가지고 있는 것일까.

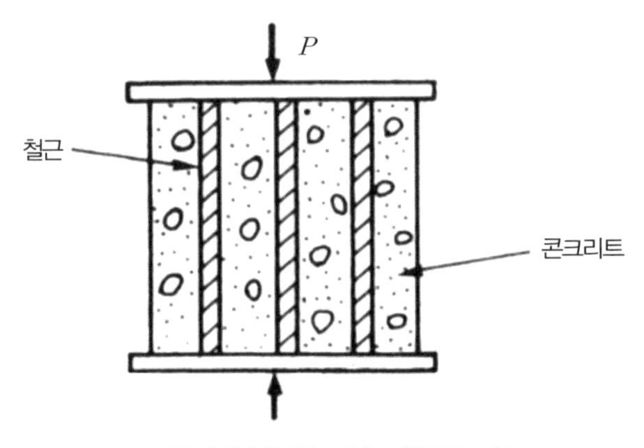

그림 축압축을 받고 있는 철근콘크리트

앞의 그림은 축압축을 받고 있는 철근콘크리트 부재의 간단한 예로써,

하중: P
콘크리트 및 철근의 단면적: A_c, A_s
콘크리트 및 철근의 Young 계수: E_c, E_s
콘크리트 및 철근의 응력: σ_c, σ_s

라고 하면, 하중 P는,

$$P = P_c + P_s = \sigma_c A_c + \sigma_s A_s \tag{1}$$

철근과 콘크리트는 동일한 거동을 하기 때문에, 양자의 변형률 ϵ는 서로 같으며 $\epsilon = \sigma_c / E_c = \sigma_s / E_s$에 의해,

$$\sigma_s = (E_s / E_c)\sigma_c = n\sigma_c \tag{2}$$

여기서, $n = E_s / E_c$(Young 계수비) (3)

또한 식 (1)에 (2)를 대입하여 정리하면, 식 (1)은 다음과 같이 된다.

$$P = \sigma_c (A_c + nA_s) \tag{4}$$

$$\sigma_c = P / (A_c + nA_s) \tag{4$'$}$$

이상의 계산식으로부터, 다음 사실들을 알 수 있다.

① 식 (2)로부터, 철근은 역학적으로 콘크리트의 n배에 해당하는 외력에 저항하는 것을 알 수 있다.

② 식 (4)로부터 철근 단면적을 콘크리트 단면적으로 환산(환산단면적)하기 위해서는, n배 하면 된다는 것을 알 수 있다.

이렇듯이 Young 계수비는 복합재료인 철근콘크리트의 단면 해석을 위한 매우 기본적이면서도 중요한 계수이다. 통상 n의 값은 탄성해석에서는 6~10 정도이다. 일반적으로 철근의 Young 계수 E_s는 200kN/mm^{2}이며,

콘크리트의 Young 계수는 콘크리트의 강도에 따라서 다른 값을 보이는데, 예를 들어 강도가 30N/mm^{2}인 경우에는 E_c×28kN/mm^{2}이 된다(토목학회 콘크리트 표준시방서). 이를 이용하여 n 값을 계산해보면, n≒7이 된다.

그러나 기존에 활용해오던 허용응력설계법에서는 n×15를 이용하고 있는데, 이 차이점은 허용응력법에서는 소성 및 크리프 등을 고려하여 콘크리트의 Young 계수를 더 낮게 설정하고 있기 때문이다.

Q 보나 기둥에서 '휨파괴'와 '전단파괴'는 어떤 파괴인가?

일반적으로 보나 기둥과 같은 부재에 외력이 작용하게 되면 휨모멘트와 전단력이 발생한다. 통상적으로 이러한 부재는 휨모멘트에 충분히 저항할 수 있도록 단면 크기 및 철근량을 고려하여 설계하고 있다. 그러나 전단파괴에 대해서도 동시에 고려하지 않으면 안 된다.

휨파괴는 그림 1에 나타낸 것과 같은 파괴 상태를 말한다. 부재의 길이

가 충분히 가늘고 긴 경우에는 연직방향으로 발달하는 인장측 균열이 하중의 증가와 더불어 서서히 발달하며, 그 후에 인장을 받는 철근이 항복하고, 이어서 충분한 변형 발생과 함께 '휨인장파괴' 또는 압축 측 콘크리트에 압좌파괴(압괴)가 발생하는 '휨압축파괴'로 이어진다.

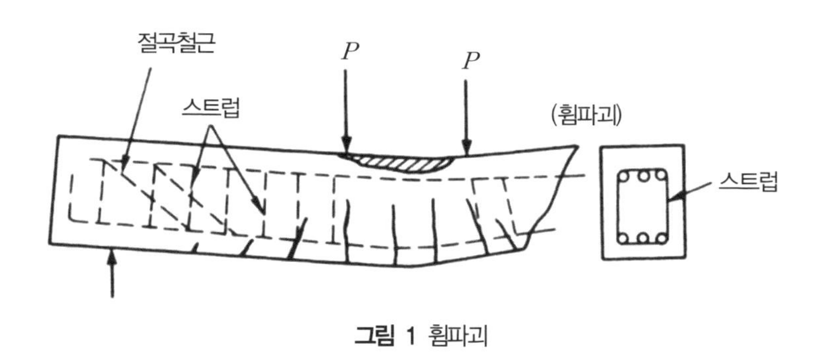

그림 1 휨파괴

전단파괴는 그림 2에 나타낸 것과 같은 파괴 상태를 말한다. 콘크리트는 인장응력에 대해서는 매우 약한 재료이지만 전단응력에 대해서는 큰 저항력을 발휘한다. 보나 기둥 부재의 전단파괴는 전단응력 그 자체에 의해 파괴되는 것이 아니라, 전단응력이 원인이 되어 발생하는 주인장응력에 의해 경사 균열이 먼저 발생하면서 파괴하는 형태를 취하게 된다.

이 파괴 형태는 휨파괴와는 다르며 급격히 파괴된다. 즉, 경사 균열 발생 후는 파괴까지 그다지 두드러진 변형이 발생하지 않고 내력이 저하한다. 이것은 철근이 항복한 후에 변형과 더불어 내력이 서서히 저하하는 '휨파괴'에 비해, 매우 위험한 종류의 파괴에 해당한다.

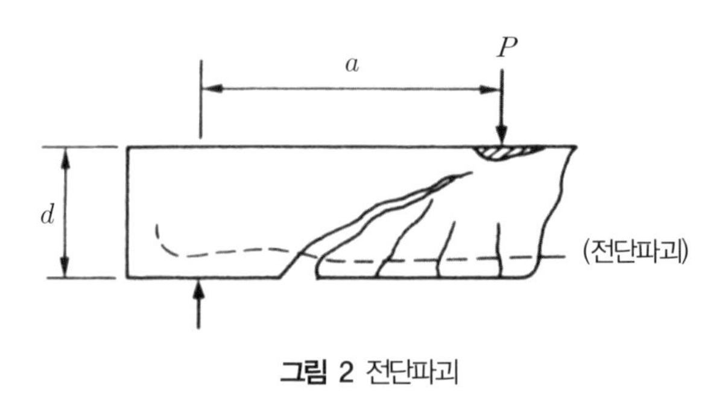

그림 2 전단파괴

또한 전단파괴에는, 앞에서 설명한 '경사방향의 인장파괴'와 경사균열 발생 후에 압축 측 콘크리트가 파괴하는 '전단압축파괴'가 있다. 이러한 경사 균열의 발달을 제어하여, 취성적인 파괴 형태를 방지하기 위해서는 스트럽이나 절곡철근 등의 전단보강재를 적절하게 배근할 필요가 있다.

한편 이 파괴 형태에 영향을 미치는 요인으로는 앞에서 설명한 전단보강재, 전단스팬 비(a/d), 단면 형태 및 하중의 종류 등이 있다.

설계에서는 전단내력이 휨내력보다 더 크도록 하는 것이 매우 중요하다.

Q 콘크리트를 파괴시키지 않고서 강도 추정이 가능한가?

콘크리트를 파괴하지 않고 강도를 추정하는 방법은 종래로부터 연구가 진행되었으며 수많은 연구 성과가 보고되었다. 콘크리트의 강도 추정에 이용되는 대표적인 시험 방법은, 반발도법, 초음파 전파 속도법, 복합법, 국부파괴법(관입 저항법, 인발법) 등이 있다.

여기서는 반발도법에 대해 간단히 설명하기로 한다.

반발도법이란, 콘크리트 표면에 해머 등으로 타격하여 그때 튕겨 나오는 정도(반발경도)를 측정하여 콘크리트의 강도를 간접적으로 추정하는 방법이다.

이 시험 방법 중에서도 1948년 스위스의 E. Schmidt가 제안한 슈미트 해머법이 있는데, 그 측정 방법이 간단하며 강도 추정도 비교적 정확하기 때문에 세계 각국에서 가장 폭넓게 보급되어 있다. 측정기는 그림 1과 같다.

반발도 R로부터 압축강도 f'_c를 추정하기 위한 환산식은 많은 연구자에 의해 제안되어 있는데, 대표적인 것은 다음과 같다.

일본재료학회식 $f'_c = -184 + 13R$

일본건축학회식 $f'_c = -7.3R + 100$

여기서, f'_c: 표준 원주형 공시체의 압축강도(kgf/cm^2)

$R = R_0 + \Delta R$

R: 보정 후의 반발도

R_0: 측정한 반발도

ΔR: 타격 방향에 따른 보정치

그림 슈미트해머

한편 측정기에 의한 반발도 값은 콘크리트의 압축강도 이외에 타격방향, 구속 정도, 표면의 평활도 등의 외적 요인과 내적 요인인 콘크리트의 배합조건, 양생조건, 재령, 함수율 등에 의해서도 영향을 받는다. 또한 강도 추정을 하려고 하는 부재에 대하여 코어를 채취한 후 압축 시험을 실시하여, 양자의 관계식을 구해둠으로써 보다 높은 정확도로 강도 추정이 가능하게 된다.

Q 슈미트해머 이외의 비파괴 시험 방법에는 어떤 것이 있는가?

슈미트해머법 이외에도 콘크리트 강도를 위한 비파괴 시험법이 있다. 여기서는 초음파 전파 속도법, 복합법, 국부 파괴법에 대하여 설명한다.

초음파 전파 속도법은 그림에 나타낸 것처럼, 발진자 및 수진자를 구리스 등으로 콘크리트 표면에 정밀하게 밀착시켜, 진동수가 20~ 200kHz 정도의 초음파 펄스를 콘크리트 내부에 방사하여, 그 전파 속도 $V(=L/t$, t: 전파시간, L: 전파거리)로부터 콘크리트의 강도를 추정하는 방법이다. 이 방법에 의한 콘크리트 강도 추정식이 다양하게 제안되어 있는데, 그 일례가 다음과 같은 간단한 일차식이 있다.

$$f'_c = B + C \cdot V$$

여기서, f'_c: 콘크리트 압축강도(kgf/cm^2)

V: 전파 속도(km/sec)

B, C: 실험정수

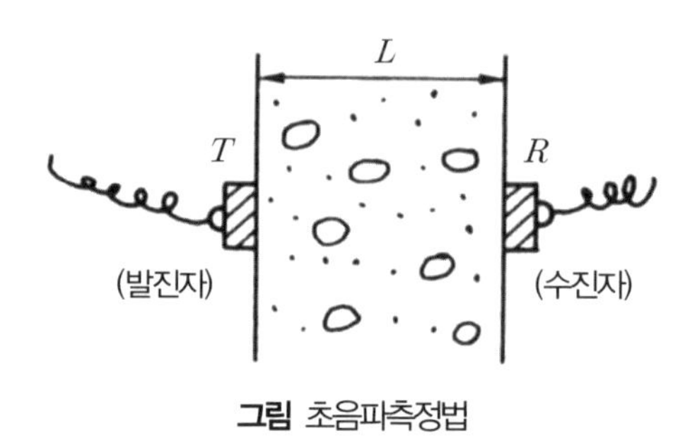

그림 초음파측정법

복합법은 반발도법과 초음파 전파 속도법의 두 종류를 조합하여 사용함으로써, 강도 추정의 정확도를 향상시키기 위한 것이다.

반발도법과 초음파 전파 속도법은 두 방법을 동시에 측정구조물의 크기·형상에 구애받지 않고 비교적 간단히 측정 가능하며, 더구나 임의 시기에 측정 가능한 점이 실무적으로는 매우 편리한 특징이라 할 수 있다.

아래 식은 복합법에 의한 강도 추정식의 일례이다.

$$f'_c = 8.2R + 269V - 1{,}094$$ (일본건축학회: 보통콘크리트)

여기서, f'_c: 콘크리트 압축강도(kgf/cm²)

R: 반발도

V: 전파 속도(km/sec)

국부파괴법은 콘크리트 표면을 국부적으로 파괴하여 직접강도를 측정하는 방법으로써, 엄밀하게는 비파괴 시험법이라고 할 수 없으나 손상의 정도가 작고 손상부의 보수가 가능하기 때문에 비파괴 시험법에 포함시키기도 한다.

시험 방법으로써는 인발법(미리 콘크리트 내부에 매설한 볼트 등의 인발내력으로부터 강도를 추정하는 방법), Break-off법(콘크리트 내에 원통관 형상의 코어를 적절하게 설치한 후 그 부분의 휨내력을 구하여 강도를 추정하는 방법), 관입 저항법(스프링 및 화약에 의해 콘크리트 내에 probe, pin 등의 검사용 침을 타격하여 그 관입깊이로부터 콘크리트의 강도를 추정하는 방법) 등이 있다. 이들 중에서 인발법은 비교적 추정강도의 정밀도가 높기 때문에 여러 나라(ASTM: 미국 등)에서 규격화되어 있다.

Q 콘크리트의 강도는 왜 28일 강도를 기준으로 하는가?

콘크리트 구조물의 설계기준강도 (f'_{ck})는, 일반적으로 표준양생(20°C, 수중양생)을 실시하는 경우의 재령 28일(4주) 강도를 기준으로 하고 있다.

그 이유는 현장의 실제 콘크리트 강도와 표준양생의 경우를 비교한 결과, 현장에서의 코어 콘크리트의 강도는 표준양생을 실시한 콘크리트의 강도보다도 상당히 낮게 나타났으나, 재령과 더불어 점차적으로 강도가 증가하여, 표준양생에서의 재령 28일 강도(약 1개월 정도의 강도)와 거의 동일해지는 것으로 알려져 있기 때문이다. 따라서 표준양생을 실시한 콘크리트의 28일 강도를 구하게 되면, 그 구조물의 공용 중의 강도 추정이 가능해진다. 다만 매스 콘크리트와 같이 양생조건이 좋은 경우에는 재령 91일(13주)의 압축강도를 기준으로 하는 것이 일반적이다.

4 콘크리트 구조물의 설계와 시공

4 콘크리트 구조물의 설계와 시공

Q 허용응력설계법과 한계상태설계법은 어떻게 다른가?

철근콘크리트 구조물의 주된 설계방법은 다음과 같다.

① 허용응력설계법(Working Stress Design Method, WSD)
② 극한강도설계법(Ultimate Strength Design Method, USD)
③ 한계상태설계법(Limit State Design Method, LSD)

과거에는 철근콘크리트 구조물 설계는 ①의 허용응력설계법을 사용하였다. 이 방법은 재료를 탄성체로 가정하고 외력에 의해 부재단면에 발생하는 응력이 재료에 대해 각각 정해놓은 허용응력 σ_{ck} 이하가 되도록 함으로써 안전성을 확보하는 방법이다. 이 방법은 매우 간단한 개념이며, 오랜 기간에 걸쳐 전 세계적으로 널리 사용되었다.

그러나 이 설계법은 파괴에 대한 안전율을 일정하게 확보하는 것이 곤

란하기 때문에, 보다 확실한 ②의 극한강도설계법이 미국 등에서 사용되기 시작하였다. 극한강도설계법은 재료의 비선형 성질을 고려한 부재 단면의 내력이 그 단면에 작용하는 설계단면력 이상이 되도록 하여 안전성을 확보하는 방법이다. 하지만 사용성 확보에 대해서는 별도의 추가 검토가 필요하다.

이러한 점으로 인해 파괴에 대한 안전성에 중점을 둔 극한강도설계법과 사용성에 중점을 둔 허용응력설계법을 하나의 설계체계에서 합리적으로 다룰 수 있도록 하기 위해 한계상태설계법이 등장하게 되었다.

한계상태설계법에서는 안전성과 사용성의 두 종류의 한계상태, 즉 '극한한계상태'와 '사용한계상태'를 함께 검토하게 된다(다만 시방서에서는 피로한계상태를 극한한계상태와 구분하여 세 종류의 한계상태를 설정하고 있음). 또한 한계상태설계법은 하중과 재료에 대한 두 종류의 부분안전계수를 이용하는 것이 특징이며, '부분안전계수 설계법'이라고도 한다.

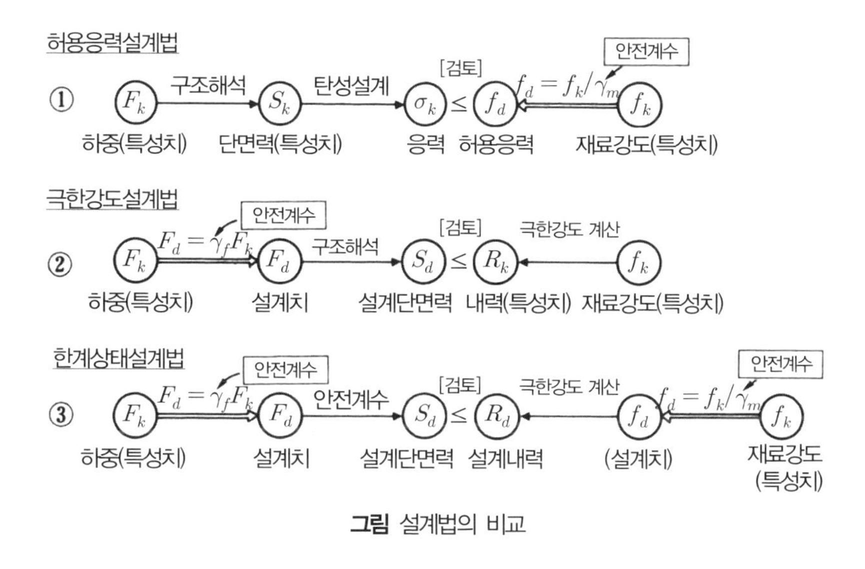

그림 설계법의 비교

Q 오랫동안 사용해온 허용응력설계법을 왜 한계상태설계법으로 바꾸었는가?

허용응력설계법은 재료를 탄성체로 가정하고 외력에 의해 부재 단면에 발생하는 응력이 재료에 대해 각각 정해놓은 허용응력 σ_{ck} 이하가 되도록 함으로써 안전성을 확보하는 방법이다.

이 방법은 안전율 값을 구조물 및 부재 종류에 따라 달리 결정할 수가 있으며, 또한 재료의 종류, 기준 강도의 변화, 하중의 특성 등에 대해서도 각각 달리 적용할 수 있다. 즉, 설계방법이 매우 간단하기 때문에 세계적으로 폭넓게 활용되었다.

그러나 이 허용응력설계법은 몇 가지 모순점을 내포하고 있다. 그렇기 때문에 이 문제를 해결하기 위해 한계상태설계법이 제안되었으며, 현재

많은 나라에서 사용되고 있다.

허용응력설계법의 문제점은 다음과 같다.

① 허용응력과 서로 비교하게 되는 재료의 작용응력은 단면력에 반드시 비례하지는 않기 때문에, 파괴에 대한 안전율을 일정한 값으로 유지하는 것이 불가능하며, 안전율을 직접적으로 표현하지도 못한다.
② 재료의 허용응력만을 다루고 있는 안전계수를 이용하여 하중에 대한 안전성도 함께 다루어버리는 오류를 범하고 있으며, 사하중 및 활하중이 차지하는 비율의 변동, 재료의 불균질성 등의 불확실성을 고려할 수 없다.

반면, 한계상태설계법의 특징은 다음과 같다.

① 사용한계상태 및 극한한계상태 등의 서로 다른 한계상태에 대한 검토를 공통된 설계 체계 내에서 합리적으로 검토하는 것이 가능하다. 즉, 사용성에 대한 검토와 안전성에 관한 검토를 원칙적으로 안전계수의 조절에 의해 유사하게 표현할 수 있다.
② 구하고자 하는 설계 수치를 응력, 단면력, 변위 등 어느 것에 대해서도 유사한 방법으로 정식화가 가능하다.
③ 안전율을 하중계수(γ_f)와 강도감소계수($1/\gamma_m = \phi$)라고 하는 2개의 안전계수로 분리함으로써, 하중에 관련된 사항과 재료에 관련된 사항을 별도로 다루는 것이 가능하다.
④ 안전율에 포함된 내용이 명확하며, 또한 이에 대한 정량적인 판단이 가능하다.

이러한 점으로 인해, 한계상태설계법이 허용응력설계법의 단점을 극복할 수 있게 된 것이다.

Q 구조물의 한계상태에는 어떤 것들이 있는가?

한계상태설계법은 먼저 해당 구조물이 어떤 상태에서 무슨 일들이 발생할 수 있는지를 검토하는 것으로부터 시작한다.

일반적으로 설계에서 검토하는 것은 파괴시의 상태와 일상에서 사용 시의 안전 확보 여부에 대한 것이다. 토목학회 콘크리트 표준시방서에서는 극한한계상태·사용한계상태·피로한계상태의 세 가지 한계상태로 구분하고 있다. 설계 시에는 이들 각각에 대해 안전한지 아닌지를 검토할 필요가 있다. 뿐만 아니라 각각의 한계상태에서 변형성, 안정성, 균열 및 피로 등에 대해서도 상세한 검토가 이루어지지 않으면 안 된다.

안전계수, 특성치, 수정치 및 구조물 계수 등에 대해 설명하면 다음과 같다. 먼저 재료의 강도 및 작용하중의 크기 등은 통계학적으로 불균일한 값을 보이고 있다. 따라서 충분한 안전성을 확보하기 위해 설계 시에서는 ① 강도에 관해서는 평균치보다 작은 값을, ② 하중에 관해서는 평균치보도 더 큰 값을 각각 사용하게 된다. 이 값이 바로 특성치에 해당하며, 분산 정도에 따라 안전하도록 하는 것이 안전계수이다.

재료강도 및 하중이 특성치가 아닌 공칭치 또는 규격치로 부여된 경우도 있다. 이때 이러한 값들을 특성치로 환산하는 계수를 수정계수라고 한다.

또한 하중 측(단면력)에도 재료의 강도 측(단면내력)에도 포함되지 않는 것들도 있는데, 구조물의 중요도 및 한계상태 도달 시의 사회적 영향 등을 고려하여 결정하는 계수를 구조물계수라고 한다.

이렇게 하여 적절한 안전계수·구조물계수 등을 결정한 후에 각각의 한계상태에 대해 안전성을 확보해나가는 것이 한계상태설계법이다. 한편 각각의 계수는 국토교통부 콘크리트 표준시방서를 참조하기 바란다.

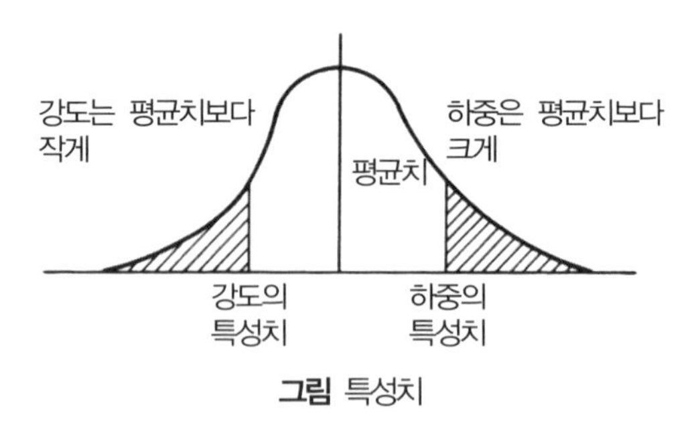

그림 특성치

Q 휨을 받고 있는 철근콘크리트 부재는 어떤 가정조건으로 설계하는가?

철근콘크리트 부재(보, 교각 등)에 하중이 작용하게 되면 부재는 휨모멘트 및 전단력에 의해 변형된다. 부재에 하중이 작용하면서부터 파괴에 이르기까지의 거동을 어떻게 단순화하여 해석할 것인가에 대해 오늘날까지 다양한 방법으로 검토되었다.

설계에서는 하중 레벨과 해석 목적에 따라 통상적으로 다음 표에 나타낸 것과 같이, 사용한계·피로한계상태에서의 한계상태설계법 및 허용응력설계법, 극한한계상태에의 한계상태설계법, 두 가지로 분류할 수 있다.

먼저 사용한계상태 및 허용응력설계법에서 휨을 받는 부재의 가정조건은 다음과 같다.

① 변형률은 단면 중립축으로부터의 거리에 비례한다(Bernoulli–Navier의 가정).
② 콘크리트는 압축영역에서는 탄성체(선형)로 가정하지만, 인장영역에서는 인장력을 무시한다(인장응력을 고려하지 않음).
③ 철근은 탄성체(선형)로 보며, Young 계수는 일반적으로 200kN/mm^{2}으로 한다.

다만 철근과 콘크리트의 Young 계수비 n은 허용응력설계법에서는 $n=15$를 사용하지만, 한계상태설계법에서는 콘크리트의 강도에 따라 콘크리트의 Young 계수(E_c)값이 달라지며, 그 비도 다르다.

극한한계상태의 한계상태설계법에는 다음과 같은 가정조건들이 있다.

① 변형률은 단면 중립축으로부터의 거리에 비례한다(Bernoulli–Navier의 가정).
② 콘크리트는 압축영역에서는 소성 상태로 가정하여 등가사각형 형상의 응력블록으로 계산한다. 인장영역에서는 인장력을 고려하지 않는다.
③ 인장 측의 철근은 항복하고 있는지 아닌지를 검토한다.

표 휨을 받는 부재의 가정조건

설계 방법	한계상태설계법 (사용한계상태) (피로한계상태), 허용응력설계법	한계상태설계법 (극한한계상태)
산정 목적	각 재료의 사용상태의 응력	극한상태의 내하력
콘크리트	압축 측→탄성체 인장 측→무시한다	압축 측→소성 인장 측→무시한다
철근	탄성체	항복상태
변형률 상태	(선형)	(선형)
응력 상태		

Q 한계상태설계법에서 안전성 검토는 어떻게 하는가?

한계상태설계법의 특징은, 서로 다른 한계상태(극한, 사용 및 피로한계상태)에 대하여 하중 측(단면력)과 재료 측(단면내력)으로 분리하여 각각의 안전계수를 이용하여, 대상이 되는 설계량이 응력, 휨모멘트, 전단력 및 변위 등 각각에 대해서 안전성 검토가 가능하다는 점이다.

각각의 한계상태에 대하여 최종적인 안전성 검토는, 다음 식에 나타낸 것과 같이, 구조물에 작용하는 하중 측으로부터 구해진 단면력(S_d)에 안전을 고려한 구조물계수(γ_i)를 곱한 값을 구조물에 작용하는 재료로부터 구한 단면내력(R_d)으로 나눈 값이 1.0 이하가 되는가를 확인한다.

$$\frac{\gamma_i \ S_d}{R_d} \leq 1.0$$

구조물계수(γ_i)라는 것은 구조물의 중요도, 한계상태에 도달한 경우에 사회적 영향 등을 고려하여 결정하는 것으로써, 일반적으로 1.0~1.2를 적용하고 있다. 또한 이 식은 분자에 해당하는 하중 등에 의해 작용하는 외력에 대해, 분모에 해당하는 재료 등에 대한 내력이 더 큰 경우에 안전(1.0보다 작아야)하다는 의미이다.

한편 그림에 나타낸 것과 같이, 단면력(하중) 측의 안전계수에는 하중계수(γ_f), 구조해석계수(γ_a) 등이 있으며, 각각의 설정치(F_k, F_d)에 안전율을 곱한다.

단면내력(재료) 측의 안전계수에는 재료계수(γ_m), 부재계수(γ_b) 등이 있으며, 안전율을 고려하여 설정치(f_k, f_d)를 나누어준다.

또한 다음 표는 일본 콘크리트 표준시방서에 수록된 안전계수의 일반적인 값을 나타낸 것이다.

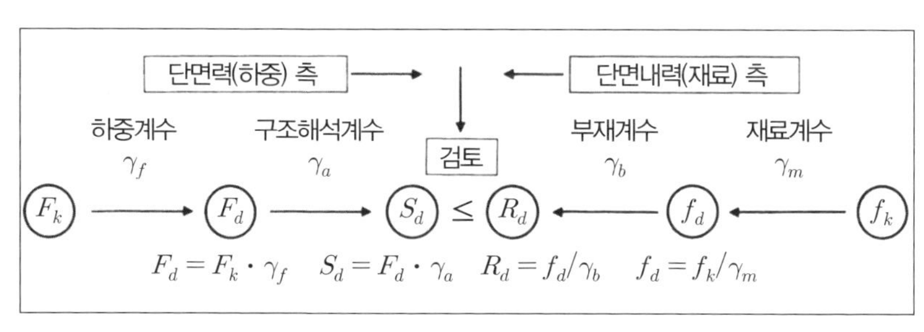

그림 안전성 검토

표 표준적인 안전계수(일본 시방서)

안전계수 / 한계상태	재료계수 γ_m		부재계수 γ_b	구조해석계수 γ_a	하중계수 γ_f	구조물계수 γ_i
	콘크리트 γ_c	강재 γ_s				
극한한계상태	1.3	1.0 or 1.05	1.1~1.3	1.0	1.0~1.2	1.0~1.2
사용한계상태	1.0	1.0	1.0	1.0	1.0	1.0
피로한계상태	1.3	1.05	1.0~1.1	1.0	1.0	1.0~1.1

Q 콘크리트 구조물은 몇 년 정도 사용이 가능한가?

최근 콘크리트 구조물의 열화문제가 크게 주목받으면서 동시에 콘크리트의 내구성에 큰 의문이 제기되어 사회적으로도 중요한 이슈가 되고 있다.

과거에 콘크리트 구조물은 50~100년간에 걸쳐서 사용 가능한 것으로 여겼다. 일본의 경우에는 니이가타시의 '반다이 교량, 1929년 준공', 동경도 오차노미즈역의 '히지리 교량, 1927년 준공' 등의 아치교 등은 준공한 지 거의 한 세기에 이르고 있으며, 향후로도 50년간은 충분히 사용 가능할 것으로 여겨진다.

그렇다면 왜 십수 년 정도가 지나지 않아서 마치 수명을 다할 것만 같은 현상들이 나타나는 것일까. 수많은 원인을 지적할 수 있지만, 주된 원인으로는 시공 불량이나 종래에는 미처 알지 못했던 열화현상이 발생한 점, 원인 규명에 시간이 걸려 적절한 대책이 곧바로 실시되지 못한 점 등을 들 수 있다.

콘크리트 구조물의 주된 열화 원인과 열화 특성은 다음과 같다.

① 알칼리 골재반응에 의한 콘크리트의 균열 및 열화
② 철근 부식에 의한 콘크리트의 균열
③ 동결융해에 의한 콘크리트의 균열 및 열화
④ 교통량의 증대 및 과적차량에 의한 RC 도로교의 피로 손상

다음에서는 알칼리 골재반응에 대해서 상세하게 설명하기로 한다.

과거 일본에서는 알칼리 골재반응을 보기 드문 사례로 구분했었다. 그러나 화산이 넓게 분포하는 일본에서는 알칼리 반응성 암석이 어디에나 존

재하고 있다는 것을 새롭게 인식하게 되었다.

알칼리 골재반응이란, 콘크리트 내의 알칼리(주로 시멘트)와 골재에 포함된 광물 등이 서로 반응하여 콘크리트 및 모르터가 팽창하는 것을 말한다. 골재가 이러한 반응 특성을 가지지 않는 경우에는 문제가 되지 않으나, 반응 특성을 가지는 경우에는 골재의 경계면에서 반응하여, 골재 표면에 겔(반응생성물)을 생성하게 된다. 수분이 존재하는 경우에 이 겔은 체적팽창이 진행되어, 콘크리트에 큰 인장응력으로 작용하여 수많은 거북등 형상의 균열(망상균열)이 발생하여 콘크리트를 열화시킨다.

알칼리 골재반응의 방지 방법으로는 다음과 같은 것들이 있다.

① 반응성이 높은 골재(혈암, 안산암, 석영안산암 등으로써, 일본에서 흔한 것으로는 휘석안산암이 있음)를 사용하지 않을 것
② 콘크리트 내의 알칼리 양을 제한(저알칼리 시멘트를 사용)할 것. 플라이애쉬 및 고로 슬래그 미분말을 적절히 혼합하여 사용할 것

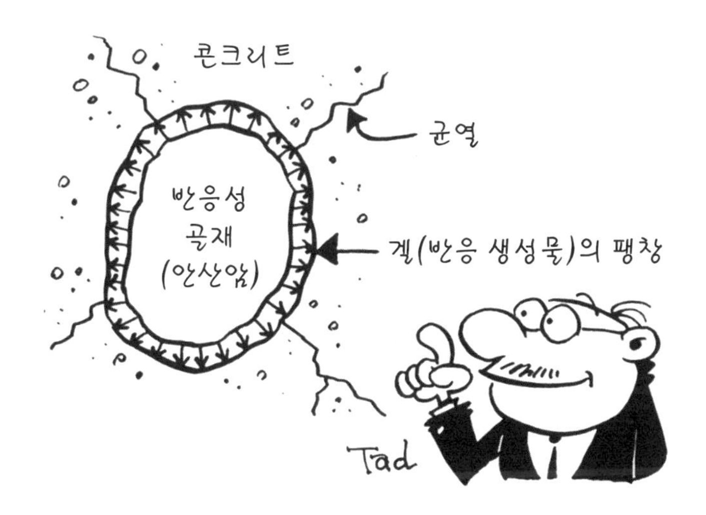

Q 과적차량에 의해 콘크리트 슬래브가 부서질 수 있는가?

1990년대 후반 일본에서는 RC 도로교 슬래브에 균열 손상이 많이 보고되었으며 그 대책이 중요한 문제로 대두된 적이 있다. 특히 고속도로에서는 슬래브 및 이를 지지하는 거더에서도 균열 발생이 확인되었다.

이러한 균열 발생의 원인으로는 과다한 차륜 하중, 교통량 증대, 슬래브의 두께 부족, 배근량 부족, 주철근을 절곡하는 위치의 부적절, 콘크리트의 품질 저하 및 시공 불량 등을 지적할 수 있다. 이들 원인이 복합적으로 작용하여 피복 콘크리트가 박리되고, 이어서 손상으로 발전하게 되면 슬래브 일부가 함몰되어 구멍이 생기게 되며, 결국에는 파괴에까지 이르기도 한다.

또한 우수 등에 의해 콘크리트 슬래브의 균열부로부터 물이 침투하여 유리석회(시멘트 제조 시에 가열이 충분치 않아 완전히 화합되지 못하고 남은 석회)가 흘러나오게 되어, 이른바 '콘크리트 고드름'이 슬래브 하부에서 발생하게 되는 경우도 있다.

이 손상에 의한 것 중에서 가장 큰 원인으로 여겨지는 것은, 1960년대부터 급증한 자동차 보유 대수와 설계하중을 초과하는 덤프 등으로 대표되는 불법 과적 대형 차량의 통행에 의한 것으로 생각할 수 있다.

이에 대한 방지 대책으로는 슬래브 두께 및 철근량 증가, 슬래브 지간의 변경 및 불법 과적차량에 대한 중량 측정장치 설치 등이 있는데, 대형 차량에 대한 이러한 대책이 불충분한 경우에는 유사한 피해가 지속적으로 발생할 것으로 예상된다.

보수·보강방법으로는 균열부에 대한 수지 주입, 슬래브 하면에 강판 및 섬유시트 보강, 외부 케이블을 이용한 보강, 부분 치환 및 슬래브의 두께

증설 등이 있다.

특히 슬래브의 균열 밀도가 높아지거나 모서리 콘크리트의 결함 및 유리석회가 심하게 발생하게 되면, 기존의 슬래브를 철거하고 새롭게 시공하거나 프리캐스트 콘크리트 슬래브 등으로 교체하여 설치하는 방법이 더 효과적이라고 할 수 있다.

이 문제의 배경에는 자동차 산업 및 유통경비 등과 관련된 사회적인 이슈가 있으며, 토목기술자의 범주를 넘어서는 범사회적인 문제로써 해결해 나가야 할 필요성도 있다.

Q 콘크리트 이음부가 취약한 이유는 무엇인가?

일반적으로 콘크리트를 거푸집 내부로 흘러 넣게 되면, 혼합수의 일부가 골재 및 시멘트 입자의 침강과 더불어 상부면에 모이게 되는 현상, 즉 블리딩이 발생한다. 이 블리딩수가 증발한 후에 콘크리트 표면에 퇴적된 것이 레이턴스이다. 이 레이턴스는 잔골재 및 굵은 골재에 부착 또는 혼입되어 있던 실트, 점토, 유기불순물 등의 미립물이며 강도를 가지지 않고 있어서, 상부에 콘크리트를 연속해서 타설하게 되면 신구 콘크리트의 부착성이 나빠져서 균열 및 투수의 원인이 된다. 또한 표면 마감 시 상부면에 모여 있던 블리딩수를 함께 혼합하게 되면 표면 부근의 콘크리트 강도는 약해진다.

콘크리트 표준시방서에서는 콘크리트의 타설 중 및 다짐 후에 블링딩수가 표면에 모여 있는 경우에는 스펀지나 작은 국자, 소형 수중펌프 등을 이용하여 제거한 후에 그 위에 콘크리트를 다시 타설하도록 하고 있다. 또한 벽·기둥처럼 높이를 가지는 콘크리트를 연속하여 타설하는 경우에는 콘크리트의 타설 속도를 너무 빨리하게 되면 블리딩에 의해 상부 콘크리트의 품질이 저하되기 때문에, 타설 속도를 조정하도록 하고 있다.

이상과 같이, 구 콘크리트의 상부 품질이 저하하고 신구 콘크리트의 일체화가 불충분하게 될 가능성이 있기 때문에, 콘크리트에서는 이음부가 취약부가 된다고 할 수 있다.

타설이음부란 이렇듯이 콘크리트를 여러 번 나누어서 시공할 때 생기는 이음부를 말하는 것으로써, 그 방향에 의해서 수평이음부와 연직이음부로 구분된다.

수평이음부의 시공상 유의점은 다음과 같다.

① 이음부는 가능한 한 전단력이 적은 위치에 설치하며, 이음면을 부재의 압축력이 작용하는 방향과 직각이 되도록 하는 것이 원칙이다.
② 구 콘크리트 표면의 레이턴스, 품질이 나쁜 콘크리트, 재료 분리된 골재 등을 제거하고서 충분히 물을 흡수시킨 후에 타설한다.
③ 이음면에 단차가 발생하지 않도록 거푸집 긴결재를 재조정하여 신 콘크리트를 타설하기 전에 모르터를 이음면에 바를 것. 이때의 모르터는 신구 콘크리트의 부착을 좋게 하기 위한 것으로써, 사용 콘크리트의 물-시멘트 비보다 더 낮게 한다.

구 콘크리트의 표면 처리 방법에는 경화 전 처리 방법, 경화 후 처리 방법 그리고 이 두 가지의 병행 방법 등이 있다. 경화 전 처리 방법은 응결 종료 후 고압의 공기 및 물로 콘크리트 표면의 박층을 제거하고, 굵은 골재를 노출시키는 방법이 적용되고 있으며, 처리시기를 자유롭게 조정하기 위해 타설이음부 처리제로써 응결지연제를 이용하면 효과적이다. 경화 후 처리 방법은 구 콘크리트가 단단한 경우에는 와이어 브러시로 표면을 정리하거나, 표면에 샌드블라스트(모래를 압축공기로 뿜는 작업)를 실시한 후 물로 씻는 방법이 있다.

Q 콘크리트 구조물의 보수·보강은 어떻게 하는가?

콘크리트 구조물의 보수·보강을 위해서는 구조물의 열화 및 손상의 원인을 명확히 할 필요가 있다. 왜냐하면 원인에 따라서 보수 방법이 달리지기 때문이다. 즉, 구조물의 피해 상황을 조사하여 원인을 명확히 한 후에 보수 및 보강 방법을 검토하고 대책 공법을 실시할 필요가 있다.

그러면 내진보강의 경우에 대해서 살펴보자.

1995년 1월 17일 발생한 일본의 고베대지진은 대도시 지역 도심지 직하부에서 발생한 지진 규모 7.2, 진도 7의 최대급 진동을 기록하며 각종 토목 구조물에 심각한 피해를 준 사실을 기억하고 있다. 도로 및 철도의 고가교 기둥의 붕괴, 낙교 등 수많은 철근콘크리트 구조물이 피해를 입었다.

이 피해 경험을 토대로 내진성능평가에서 취성적인 파괴를 방지하기 위해서는 내력뿐만이 아니라, 부재가 항복한 후의 변형 능력을 크게 할 필요가 있음을 인식하게 되었다. 공용 중인 철근콘크리트 구조물에 대해서도 기둥의 전단내력 및 취성을 강화하여 대지진에 견딜 수 있도록 보강이 실시되고 있다. 보강 방법은 변형성능(인성)을 증대시키기 위해 기존 교각의 주변을 인성이 높은 강판 등으로 보강하는 것인데, 그 공법으로는 강판보강공법, RC 단면증설공법이 일반적이다.

그러나 건설한계 및 작업장 등 시공상 제약을 받거나, 역학적인 측면에서 보강에 의해 기둥이 강화됨으로써 결과적으로는 이로 인해 기둥 하부의 지중 말뚝 및 지중 보에 과다한 외력이 작용할 우려가 있는 경우에는 FRP(탄소섬유, 아라미드섬유) 연속시트를 이용하여 기둥 주변부를 보강하는 방법이 최근 개발되었다.

이어서 각종 원인에 따른 균열 보수에 대해서 살펴보자.

건조수축, 알칼리 골재반응, 철근 부식 및 피로에 의한 균열의 보수 방법에 관해서는 먼저 균열부에 대한 현장조사를 실시하고, 균열 외관망도, 균열의 면적·밀도·간격 등을 조사하며, 그 결과를 토대로 원인 규명을 실시한다. 그 후에 피해상황에 따라서 균열부 수지 주입, 슬래브와 같은 경우에는 하면에 강판 부착, 부분치환 공법, FRP 섬유시트 보강, 외부 케이블을 이용한 보강 및 단면 증설 등을 실시한다.

Q 콘크리트 댐의 합리적 시공법에는 어떠한 것이 있는가?

최근 RCD 공법(Roller Compacted Dam Concrete Method), 확장 레이어 공법(Extended Layer Construction Method) 등 댐에 대한 합리적 시

공법이 개발되었으며, 이들 시공법에 의한 댐 건설 실적도 증가하고 있다. 이들 공법은 일회 콘크리트의 타설 범위를 확대하는 것이 가능하여, 덤프트럭과 같은 범용 장비 사용에 의해 공기 및 공비 절감 등의 합리적 시공을 도모할 수 있다.

RCD 공법은 슬럼프 제로의 빈배합 콘크리트를 레이어(layer) 형상으로 불도저로 펴가면서 진동롤러로 다짐하여 축조하는 공법이다. 확장 레이어 공법은 슬럼프를 가지는 콘크리트를 리프트(1회 타설 높이) 차를 두지 않고 타설하면서 내부 진동기를 이용하여 다짐을 실시하는 공법이다. 다음 그림에는 RCD 공법의 개념도를 나타내고 있다.

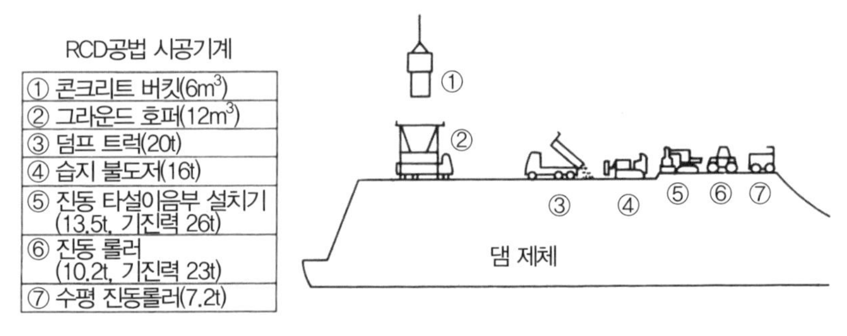

그림 RCD 공법 시공 개념도

RCD 콘크리트 시공에서는, 배치 플랜트로부터 제방 본체 타설면까지의 콘크리트 운반은 덤프를 이용한 직송방식이 가장 합리적이며 경제적이다. 그러나 지형이 험준한 댐 시공 현장에서는 이러한 방식이 곤란하기 때문에, 이런 경우에는 인크라인, 케이블 크레인, 벨트 콘베이어 등의 기계설비에 의한 운반방식을 채용하지 않으면 안 된다.

제방 본체 타설면까지 운반된 콘크리트는 불도저에 의해 얇은 층으로 고르게 펼친다. 1층당 두께는 진동 롤러로 다짐한 후 25cm 정도로 하고,

1리프트(25cm×3층)는 75cm로써 3층으로 시공한다. 1리프트 높이가 작기 때문에 파이프 쿨링를 실시하지 않고서도 시공이 가능한 이점이 있다.

RCD 공법은 1978년에 일본 히로시마현의 댐 시공에서 처음으로 적용되었으며, 그 성과를 토대로 1981년에 기술 지침서가 작성되었다. 그 후 20개 이상의 댐 건설에 사용되어 기술 지침서가 여러 번 개정되었다. RCD 공법은 종래부터 사용되던 주상공법(댐 제체를 여러 개의 기둥 형상을 가지는 블록으로 분할하여 시공하는 방법)을 대체할 수 있는 대표적인 콘크리트댐 시공 신공법이다.

Q 도로포장에서 콘크리트 포장이 주류가 되지 못하는 이유는 무엇인가?

1995년 일본의 도로통계연보에 의하면, 도로포장에서 콘크리트 포장은 포장 전체(간이포장도 모두 포함)의 약 7%로 낮으며, 아스팔트 포장이 주류를 이루고 있다. 그 이유로는 다음과 같은 것을 들 수 있다.

① 아스팔트의 가격이 비교적 경제적이며, 공급이 안정적인 점
② 시공기계가 비교적 간편한 점
③ 포장작업 후 조기에 사용 개시가 가능한 점
④ 이음부를 별도로 설치하지 않기 때문에 주행성이 우수한 점
⑤ 보수가 비교적 용이한 점

그러나 최근에는 교통량 및 중차량의 증가로 인해 균열과 소성변형 등이 발생하여 주행성을 저해하며, 유지보수 비용의 증대, 보수공사를 위한 교통 정체 초래 등 아스팔트 포장의 내구성이 새로운 문제점으로 지적되고 있다.

한편 콘크리트 포장의 장단점은 다음과 같다.

① 내하력·내구성이 우수한 점
② 콘크리트는 흰색을 띠고 있기 때문에, 시인성이 매우 양호
③ 시공기계의 규모가 커져 시공성 및 보수성이 다소 부족한 점
④ 포장작업 후의 양생기간이 길어, 공용 개시까지의 시간이 필요
⑤ 콘크리트의 온도 변화, 건조수축 등으로 인해 수축이음부가 필요하며, 이 이음부가 구조상 결함부가 되어 내구성·주행성 저하 초래

이러한 콘크리트 포장의 단점을 보완하기 위한 새로운 포장으로써, 전압 콘크리트 포장(Roller Compacted Concrete Pavement, RCCP)이 1987년에 시험 시공되어, 그 이후 적용 범위가 점차적으로 확대되고 있는 실정이다.

RCCP 공법은 종래의 포장용 콘크리트보다도 현저하게 물 사용량을 줄인 빈배합의 콘크리트(단위수량 100kg/m^3 정도, 단위시멘트량 250~320kg/m^3

정도)를 그림과 같이, 아스팔트 피니셔로 노반 위에 펴가면서 진동롤러 등으로 전압·다짐하여 콘크리트 슬래브를 시공하기 때문에, 아스팔트 포장과 같은 소성변형이 없으며 내구성이 우수하다. 그 외에 다음과 같은 특징이 있다.

① 아스팔트 포장용의 기계로 시공이 가능하기 때문에 시공 속도가 빠름
② 거푸집을 사용하지 않고서도 시공 가능하며, 슬래브 두께를 자유롭게 조정 가능
③ 초기 재령 시의 내하력이 우수하기 때문에, 조기에 교통 개방이 가능
④ 콘크리트의 건조수축이 작기 때문에, 이음부의 간격을 크게 취할 수 있음

RCCP 공법은 교통량이 많지 않은 도로를 대상으로 한 포장에 널리 적용되었으나, 향후에는 교통량이 많은 간선도로 및 고속도로 등에서도 적용이 가능하도록 할 필요가 있으며, 평탄성의 문제점도 해결하여 그 적용성이 더욱더 넓어질 것으로 기대된다.

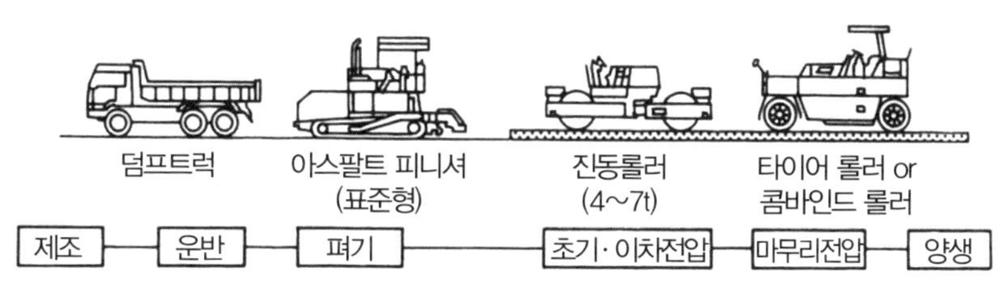

그림 표준적인 작업공정 및 기계 편성

프리스트레스트 콘크리트의 기본 5

5 프리스트레스트 콘크리트의 기본

Q 프리스트레스트 콘크리트(PC) 기술은 어떻게 발전하고 보급되었는가?

1850년에 프랑스인 J.L. Lambot의 콘크리트 배, J. Monier의 식재용 화분 제작 등의 배경에는 콘크리트와 같은 취성재료를 이용하는 경우, 부분적으로 강재 등으로 보강해야 한다고 하는 기존 경험에 기반을 둔 것으로 여겨진다. 그러나 이들에 의해 시작된 철근콘크리트(RC) 기술은 1880년대로부터 약 20년간에 걸쳐 콘크리트 보에 대한 계산법이 거의 확립되어, 1900년대 초기에는 E. Morsch에 의해 오늘날의 이론적 체계가 완성된 것으로 알려져 있다.

한편 프리스트레스트 콘크리트(PC)의 발상에서도, 예를 들어 나무널판으로 만든 포도주통을 스틸밴드로 단단하게 결속시켜 수밀성을 높였던 것처럼, 오래전부터 사용되던 지혜에 바탕을 두고 있다. PC는 1888년 독일인 Doering, 1889년 미국인 P.H. Jackson의 특허에서 시작된 것으로 알려져 있으며, 발생 시기를 서로 비교해보더라도 PC의 발상은 RC에 비해

약 35년 정도나 늦은 상태이다. 하지만 일본에서의 실용화 시점을 살펴보면 의외로 빠른 시기에 시작된 것으로 판단된다.

RC는 1906년에 프랑스, 1910년에 미국에서 각각 설계·시공기준이 제정되었다. 이를 실용화 기점으로 하게 되면 20세기 초부터 RC 기술이 실용화된 것으로 볼 수 있다.

한편 PC는 1928년에 프랑스인 후레씨네에 의해 PC 이론이 정리되었으고, 또한 PC 기술은 고강도 강재와 고강도 콘크리트 사용이 전제되며, 이로 인해 연구의 초점이 명확해졌다. 이 시기로부터 PC 기술은 크게 발전하여, 그 후 약 10년간에 걸쳐 오늘날의 PC에 관한 거의 대부분의 기술적 개념(프리텐션, 정착구, 언본드공법, 파셜 프리스트레싱, 크리프, 건조수축, 릴렉세이션 등)이 해명되었다.

일본에서는 RC 기술이 1900년 초기에 도입되어 1903년에 실제 교량이 시공되었으며, 1920년에는 본격적인 RC 교량이 준공되기 시작하였다. 그러나 실용화 기점을 일본토목학회의 RC 표준시방서 발간으로 본다면 1928년까지 기다리지 않으면 안 된다.

PC의 경우에는 제2차 세계대전이 발생하였기 때문에, 본격적인 실용화는 1947년 후레씨네 공법 도입 시로 시작된다. 1955년에는 주요한 PC 공법은 거의 대부분 도입되었다.

일본이 가지고 있는 특수성으로는 PC의 기술도입과 동시에 PC 전문가가 등장하기 시작했다는 점이다. 현재 활동 중인 20여 개 회사의 약 절반 정도는 1955년 이전까지 설립된 것들이다. PC 전문가는 PC 공장을 가진 건설회사로 시작하여, 기술적인 습득에만 머무르지 않고 기술 개량 및 발전에 크게 기여하게 되었다.

PC 기술 발전의 또 하나의 요인으로는, 일본토목학회의 『PC 설계·시공지침』(1950) 발간이다. 기술 도입 후 겨우 3년 정도밖에 흐르지 않은 시기에 벌써 '지침'이 등장하였다는 것은, 토목기술자들이 이 기술을 대하는 큰 기대감을 엿볼 수 있는 것이며, PC 보급에 기여한 수고를 잊을 수 없다.

Q PC와 RC 중에서 어느 쪽이 콘크리트와의 궁합이 좋은가?

콘크리트는 그 압축강도에 비교하여 인장(휨)강도가 약 10% 정도로써, 구조용 부재로 이용하기에는 이상적인 재료로 보기 어려운 측면이 있다. 콘크리트의 발명 후 겨우 50년 정도 경과한 1900년대 초기에는, RC의 설계·시공 기준이 프랑스, 미국 등에서 제정 되었으며, 1910년대에는 구조용 재료로써 사용되기 시작하는 환경이 정비되었다. 일본에서도 1928년에는 최초의 RC 시방서가 발행되었다. 결국 실용단계에 이르고 나서 이미 90년 이상의 사용 실적을 쌓아왔으며, 현재까지도 중요한 건설용 재료로써 자리매김하고 있다.

콘크리트가 중요하게 사용되는 주된 이유는 다음과 같다.

① 콘크리트를 구성하는 시멘트, 골재, 물 등은 비교적 저가이며, 어디에서라도 쉽게 구할 수 있다.

② 교량 및 댐 등의 사회기반 시설물은 오랜 사용 기간에 비하여 그 유지 관리 비용이 비교적 저렴하며, 내구성이 높은 점도 중요한 특징이다. 이런 특징으로 인해 콘크리트는 무기계 재료로써는 매우 이상적인 것이라고 할 수 있다.

콘크리트 기술의 발전 역사는 부족한 인장강도를 어떻게 보강하여 실용적이고 우수한 구조용 부재로 활용토록 할 것인가 하는 것이 연구개발의 역사라고도 할 수 있다. 콘크리트 보강법은 크게 RC와 PC로 구분된다. 다만, SRC(철골철근콘크리트)는 일반적으로 RC와 동일한 것으로 취급한다. 그러면 RC와 PC를 그 보강 특성 및 시공상의 특징 관점에서 비교해보자.

보강 메커니즘 측면에서 살펴보면, RC 보강은 자체 보강 개념이다. 즉, 단면에 균열이 발생한 상태를 가정하여, 단면에 작용하는 압축력은 콘크리트가, 인장력은 철근이 부담케 하는 메커니즘이다. 이에 비하여 PC 보강은 사전 보강 개념이다. 하중 등에 의한 인장 변형률을 예측하여, 이것이 균열 한계를 초과하는 경우, 콘크리트 단면에 균열한계에 여유를 가지고 수습될 만한 정도의 압축변형률을 미리 가해둔다. 이것이 프리스트레스이다. 즉, 겉보기상 높은 인장강도를 가지는 콘크리트로 개량하는 보강이라

할 수 있다. 또한 동시에 균열 방지의 효과도 기대할 수 있다.

부재 간의 접합공법에서는, 먼저 RC의 경우는 접합 철근을 배치한 후 이음 콘크리트를 타설하는 것이 보통이다. PC의 경우는 기설치된 부재의 접합부에 새로운 부재를 추가 타설하여, 부재의 접합면에 에폭시 수지를 도포하고, 곧 이어서 프리스트레스를 가하여 접합하는 방법이 일반적이다. 이 접합법은 PC 공법 특유의 접합법으로써, 세그먼트 부재에 대한 새로운 시대적 요구와 함께, PC 선정에 커다란 이점이 되었다.

콘크리트와의 상호 보완적 관점에서 살펴보면, RC의 최대 결점인 균열과 부재접합의 측면으로부터 시대적 요구사항을 반영하여, PC가 RC보다 더 적합하다고 할 수 있다.

Q 프리텐션 방식과 포스트텐션 방식의 차이점은 무엇인가?

프리스트레스트 콘크리트(PC)란, PC 강재를 긴장하여 콘크리트에 프리스트레스를 가한 것이다. 그러나 똑같은 PC라고 하더라도 PC 부재를 제조할 때 어떤 단계에서 PC 강재에 긴장력을 가하는가에 따라 프리텐션 방식과 포스트텐션 방식으로 크게 구분된다.

먼저 프리텐션 방식은 거더공장에서 실시하는 제조 방법이다. 거더의 PC 부재의 제작에서는, 길이 60~100m의 거더 제작대에서 미리 PC 강연선에 소정의 긴장력을 가한 상태에서, 스트럽 등의 철근 및 거푸집을 조립한 후 부재의 콘크리트를 타설하는 제작 방법이다. 프리스트레스는 콘크리트가 도입강도에 도달한 후, 각 거더 사이의 PC 강연선을 절단함으로써 도입된다. 즉, PC 부재의 긴장력 확보는 PC 강연선과 콘크리트와의 부착

력에 의존하는 메커니즘이다. 프리텐션은 pre-(미리)tensioning(긴장하는 방식)으로 구성되어 있다.

포스트텐션 방식은 통상의 RC 거더와 거의 유사한 순서로 제작된다. 콘크리트의 타설 전에 거더 내부에 쉬스라고 불리는 중공관을 매설해둔다. 콘크리트가 일정 강도에 도달한 후 쉬스관 내에 PC 강연선을 삽입하여 이것을 잭으로 긴장하여 프리스트레스를 가한다. 따라서 포스트텐션 방식에서는 긴장력을 콘크리트와의 부착력으로 확보되지 않기 때문에, PC 정착구라고 불리는 정착장치에 의해 결속시키게 된다. 포스트텐션은 post-(나중에)tensioning으로 구성되어 있다.

양자는 제조법의 차이점으로 인해, 다음과 같은 장점 및 단점이 있다.

프리텐션 방식의 장점은 ① 동일부재의 생산에 적합한 점, ② 재료의 품질 및 시공관리 등이 안정적이며, ③ 고강도 콘크리트에 적용하기 쉽다는 점 등이다. 한편 단점으로는 ① 제조장소가 한정적이며, ② 다품종·소량 생산 시에는 불리한 점, ③ 도로운반으로 인해 부재 크기가 제한적이며, ④ 슬래브 등 폭이 넓은 부재 또는 2방향 프리스트레스 부재 등은 설비적인 측면에서는 적합하지 않는 점 등이다.

포스트텐션 방식의 장점은 ① 부재 형상 및 생산량 등에 크게 영향 받지 않으며, ② 현장 제작 등 제작 장소를 임의로 선정 가능한 점, ③ 세그먼트 공법 채용이 용이, ④ 도입 프리스트레스의 크기, 케이블의 배치 등을 임의로 선정 가능한 점 등이다. 한편 단점으로는 ① 현장 제작의 경우에는 지붕 및 양생 설비 등의 관리 시스템 상태에 의해 공사 규모에 영향 미치는 점, ② 현장작업원에 의해 품질의 불균질성이 초래될 가능성이 높으며, ③ 레미콘에 크게 의존하기 때문에 고강도 콘크리트는 채용하기 어려운 점이 있다.

또한 양자의 장단점으로 인해, 예를 들어 프리텐션용 긴장장치의 능력을 초과하는 특이한 종류의 거더 제조, 프리텐션 거더의 세그먼트화 등의 경우에서는 프리텐션 및 포스트텐션을 함께 사용하는 경우도 있다.

Q 단면계산에서 RC와 PC의 차이점은 무엇인가?

PC 기술 발전의 기초를 확립한 후레씨네는 다음과 같이 언급하였다. "PC는 개량된 철근콘크리트가 아니다. 양자에는 공통된 경계가 존재하지 않는다." 즉, 'PC와 RC는 별개'라는 의미이다. PC 기술 초창기에는 이 개념이 너무나도 당연하게 인식되었으며, 또한 간단하게 이해할 수 있는 것이었다.

그러나 기술 개발과 더불어 점차적으로 이러한 개념이 크게 변화하게 되었다. 즉, 새로운 개념에서는 PC에서 콘크리트 단면에 인장을 허용하지 않는 Full 프리스트레스의 상태로부터, 설계 계산상 단면에 균열이 발생한 것으로 보고 있는 RC에 이르기까지, 일련의 연속적인 상태 변화로 보는 관점이며, 그 양단에 PC와 RC가 위치한다고 하는 것이다.

여기서는 양단에 위치하는 PC와 RC만을 드러내어, 설계하중 작용 시의 단면계산의 가정을 중심으로 그 차이점을 설명하기로 한다.

먼저 기본 재료인 콘크리트는, 인장강도가 압축강도의 약 1/10 정도라고 하는 비이상적(언밸런스한) 재료라는 사실이 잘 알려져 있으며, 인장부를 보강하지 않는 한 휨부재로써는 충분히 활용되지 못한다. 이런 점에서, RC에서는 부재에 휨 모멘트가 작용하는 경우, 단면의 인장력이 작용하는 구역에 철근을 배치하여 균열이 발생한 시점에서 인장력을 철근에 부담하게 하는 보강 개념이다. 단면계산에서는 설계하중이 작용하는 단계에서는 균열이 발생한 상태를 가정하고, 압축 측의 콘크리트와 인장 측의 철근만을 고려하여 단면의 저항 모멘트를 산출하여, 작용 모멘트와 비교 검토하는 방법을 취한다.

PC에서의 단면계산은, 설계하중이 작용할 때에 처음부터 전단면이 유효하게 저항하는 것으로 하여 단면응력을 산출하고, 여기서 산출된 인장응력을 상쇄시킬 수 있도록 계획적으로 프리스트레스를 부여하는 보강개념이다. 다만 전단면이 하중에 대하여 유효하게 저항하기 위해서는 단면에 작용하는 합성응력의 값이 균열 한계치를 넘지 않도록 하지 않으면 안 된다.

이상에서 정리한 단면계산의 가정은 설계하중 작용 시의 검토에 관한 PC와 RC의 가장 다른 점을 나타낸 것이다. 그러나 특히 파괴단계에서의

상태를 조사하는 극한한계상태에서의 검토에서는 PC에서도 균열 발생의 한도를 넘어선다.

균열에 관해서는 RC에서 균열 발생은 어디까지나 설계상의 가정이지, 실구조물에 균열이 발생해도 좋다는 것을 의미하는 것은 아니다.

Q 토목 분야와 건축 분야에서 요구하는 콘크리트는 서로 다른가?

일반적으로 PC 기술의 발전은 고강도 콘크리트의 출현을 기다리지 않으면 안 되었다고 알려져 있다. 그렇다면 여기서 말하는 고강도란 어느 정도를 의미하는 것일까. 일반적으로는 약 300~400kgf/cm^{2}을 목표로 한 것이라고 알려져 있다. 그러나 PC의 여명기에서는 이 강도를 확보하는 것이 무척이나 힘들었던 것으로 추정된다. 현재와 같은 다양한 혼화제가 없던 시대였으며, 고강도를 실현할 수 있는 유일한 방법은 비록 워커빌리티에 대해서는 무시하더라도, 물-시멘트 비 법칙에서 나타나는 물의 양을 저감시키는 것에 집중하고 있었다. 예를 들어보면, 설계기준강도가 450kgf/cm^{2}인 현장타설의 포스트텐션 T형 거더교 시공현장에서는 슬럼프 0~2cm의 콘크리트를 목표로 오로지 전동기를 이용한 다짐에 신경 쓰는 공사를 실시하기도 하였다. 이러한 측면과는 완전히 반대편에 있었던 것이 건축 분야에서의 RC 콘크리트이다. 토목 분야의 450kgf/cm^{2}와는 달리, 건축 분야 현장에서는 180kgf/cm^2 정도의 콘크리트를 전동기가 없는 상태에서 거푸집으로 흘려 보내고 있었다. 동시기에 이루어진 이 두 현장을 서로 비교해 보면, PC 초창기의 토목기술자들에게는 토목 분야의 콘크리트와 건축 분야의 콘크리트가 서로 완전히 별개의 개념에 기초를 둔 재료라는 인상이

강하게 남아 있다.

콘크리트에 대한 개념이 토목 분야와 건축 분야에서 왜 이토록 서로 구분되어 있었던 것일까. 생각해보니 당시 건축 분야에서는 고강도 콘크리트를 사용할 필요성이 없었던 점, 고강도의 경제적인 유익성이 인식되지 않았던 점 등을 추정해볼 수 있다. 한편 토목 분야에서는 PC의 교량공사를 통하여 고강도 콘크리트의 이점을 충분히 이해하고 있었던 점, 된반죽의 콘크리트에 대한 위화감이 그다지 없었던 점 등이 있으며, RC 교각에 대해서도 비교적 슬럼프가 작은 콘크리트가 당연한 것으로 받아들여지고 있었던 것으로 여겨진다.

그러나 최근 30년 이내의 콘크리트 기술 진전은 매우 뚜렷하여, 콘크리트에 대한 인식도 크게 변하게 되었다. 특히 고성능 감수제 또는 유동화제 등의 혼화제의 개발이 고강도화와 워커빌리티 등 시공성 개선에 크게 기여한 점이 있다. 예를 들어, 건축 분야에서는 최근 30년 이내에 규모 30층 이상의 RC 공동주택이 등장하게 되었는데, 콘크리트의 설계 기준 강도 480kgf/cm^2 또는 이를 초과하는 고강도 콘크리트의 사용이 적용되고 있다는 점이다.

토목 분야에서 PC의 세계에서도, 600kgf/cm^2 레벨의 표준설계부재를 800kgf/cm^2 레벨로 더 키우려고 하는 움직임이 있으며, 향후 토목계에 어떠한 형태로든 영향을 미치게 될 것으로 추정된다.

이렇듯이 토목 분야와 건축 분야의 콘크리트에서, 설계기준강도 등이 즉각적으로는 동일한 레벨이 되지는 않더라도 내구성 및 그 외의 특성들은 공통적으로 요구되고 있으며, 기본적으로는 동질의 콘크리트를 목표로 하고 있다고 말할 수 있다.

Q 케이블을 외부에 설치하는 방식이 있다는데, 어떠한 특징이 있는가?

콘크리트 부재의 단면 내부에 PC 케이블을 배치하는 방식을 내부 케이블 방식이라고 하며, 부재의 외부에 배치하는 것을 외부 케이블 방식이라고 구분한다.

'내부 케이블 방식'의 용어는 외부 케이블 방식의 반대 의미를 가지며 최근에서야 통용되고 있는데, PC 기술자에게는 내부 케이블 방식이 원칙적인 케이블 배치 방식이기 때문에, 내부 케이블이라는 용어에는 그다지 친숙하지 않다.

PC 구조는 PC 케이블의 긴장력에 의해 단면에 축압축력과 편심모멘트를 부여하여, 하중에 의한 단면력과 상쇄시킴으로써 응력적 한계조건을 만족시킨다. 예를 들어, 단순거더인 경우 그 하부에 배치한 내부 케이블과 그것을 하부의 단면 바깥에 평행 이동시킨 외부 케이블(적당한 케이블 유지장치를 사용하고 있음)을 비교하면 후자의 편심 모멘트가 더 커지게 된다. 이는 프리스트레스의 효율이 높아지게 되는 것을 의미한다. 이러한 개념을 구체화시킨 것 중에는 Extradosed 형식이 있다. 이는 PC의 작용력으로 인해 필연적으로 고안된 케이블 배치법의 하나라고 말할 수 있다.

PC의 역사를 살펴보면, 외부 케이블 방식은 이미 1928년에 Dr. Dischinger

에 의해 독일의 Saale교(경간 68m)에 시도되었다. 미루어보건데, 외부 케이블 방식의 발상은 PC의 초기 단계에서부터 이미 알려져 있는 기술이었다고도 할 수 있을 것이다. 그러나 당시에는 케이블에 관한 방청 기술 및 설계 기술이 아직 확립되지 않았기 때문에 이 방식을 발전시킬 수 없었으며, 내부 케이블 방식이 PC의 원칙적인 케이블 배치가 된 것이다.

그러나 그 후 기설치된 콘크리트 교량의 보강공법으로써, 외부 케이블 공법이 주목되면서 방청재료 및 설계법의 발달을 촉진시켰다. 1980년대가 되면서 프랑스의 Murrell이 외부 케이블 공법이 가지는 몇 가지 과제를 해결한 후 미국에서 많은 수의 교량을 건설하였다. 이후 약 10년간에 걸쳐 미국에서는 100여 개의 교량이 건설되어, 외부 케이블 공법이 확립됨과 동시에 그 합리성을 인정받게 되었다.

외부 케이블 방식을 PC교에 적용하는 데 중요한 특징을 들어보면 다음과 같다.

① 거더 단면의 형상, 사용재료의 적용 범위가 매우 큰 점
② 거더 자중의 경감 효과
③ 세그먼트 공법에 의한 시공 편리성
④ 케이블 배치의 자유도와 교환성

Q 압축과 인장의 두 종류의 프리스트레스를 부여하는 바이프리스트레스 공법이란 무엇인가?

'바이프리스트레스 공법'이란, 부재에 압축과 인장의 두 종류(bi-)의 프리스트레스를 도입하는 공법으로써, 이는 Bi-Prestressing System으로부터 유래하고 있다.

두 종류의 프리스트레스란, 인장 측에 보통의 인장 PC 강재(압축 프리스트레스를 도입하며 이를 포스트 텐션이라 함)를 배치함과 동시에, 압축 측에 압축 PC 강봉(PC 강봉을 밀어 넣어서 정착, 부재에 인장 프리스트레스를 도입, 이것을 포스트 컴프레션이라 함)을 배치하는 것으로 되어 있다.

이들 두 종류의 프리스트레스에 의해, 프리스트레스 모멘트는 합산되어, 프리스트레스 축력은 감소한다. 한편 거더 압축 측 응력값이 허용 압축 응력치와 거의 같아지는 단계가 한계이다. 따라서 '바이프리스트레싱 공법'은 프리스트레스의 축력이 감소한 만큼 거더 압축 측의 압축응력에 여유가 생기며, 거더 높이를 줄일 수 있게 된다.

PC교에서는 일본공업규격(JIS) 교량 거더의 프리스트레스 거더 및 건설성 표준설계의 포스트스트레스 거더에서의 거더 높이는 양쪽 모두 표준 거더 높이라고 할 수 있는 것이다.

그러나 시가지의 하천 교량 및 과도교, 연속고가교 등에서는 반드시 경

제적인 거더 높이를 기계적으로 선정할 수 없다. 예를 들어, 하천 교량의 형하공간은 설계 고수위 유량과 여유고로부터 결정되며, 교면 계획고는 주변 지반고 및 인접 도로와의 연결로부터 결정되기 때문에 거더 높이는 그 범위에서 결정되지 않으면 안 된다. 또한 과도교 등의 경우에서도 동일한 제약조건이 가해져서, 도시경관과의 조화, 구조미, 경쾌감 등의 요인이 거더 높이 결정에 크게 영향 미친다. 결국 교량의 거더 높이는 표준 거더 높이로부터 최소 거더 높이와의 사이에서 선택되며, 기존에는 경제성을 다소 무시해왔으나, 구조미, 경쾌감 등을 중시한 최소 거더 높이를 선택하는 경향이 점차 늘어나고 있는 추세이다.

PC 도로교의 경우, 표준 거더 높이를 거더 높이(H) · 스팬(L) 비 (H/L)로 표시하면, T자형 거더에서는 1/17, 박스형 거더에서는 1/20, 중공 슬래브교에서는 1/23 정도이다. 박스형 거더인 경우에 최소 거더 높이까지 좁히면 1/27 정도까지는 가능하지만, 거더 높이를 보다 더 작게 하고자 하는 경우에는 여기에서 언급하고 있는 '바이프리스트레싱 공법' 또는 'Prebeam 공법'을 적용함으로써, 거더 높이 · 스팬 비가 1/32 정도까지 실현 가능하다.

바이프리스트레싱 공법을 적용한 거더는, 통상의 PC 거더와 비교하여 프리스트레스 모멘트가 큰 경향이 있기 때문에, 거더 상부를 크게 하며 시공 시에도 상부에 대한 배려가 필요하다.

Q 콘크리트에 프리스트레스를 가하는 방법에는 어떤 것들이 있는가?

콘크리트에 프리스트레스를 가하는 방법은 콘크리트 부재 내부에 PC 강재를 배치하여, 이를 잭으로 긴장한 후 PC 정착구를 사용해 정착하는 '포스트 텐션' 공법이 잘 알려져 있다.

이와 같이 PC 강재(긴장재)를 사용하여 콘크리트에 프리스트레스를 가하는 방식에 한하여, 특히 프리스트레스트 콘크리트(PC로 약칭)로 부르며, 그 외의 방법으로 프리스트레스를 가하는 방식과 구별하고 있다. 여기서 '긴장재'라는 용어를 사용한 것은, FRP 등 신소재의 선형 재료를 사용하는 경우에도 PC에 포함되는 것을 의미하기 위함이다.

그러면 긴장재를 사용하지 않는 방법에는 어떤 것들이 있을까.

예를 들어, '프리플렉스 빔 공법', 'PPCS 공법', '케미컬 프리스트레스트' 등이 있으며, 그 외에도 콘크리트 내부에 잭을 매립하여 압축력을 도입하는 방법 등이 있다.

'프리플렉스 빔 공법'은 I형의 고강도 강재거더와 그 상하 콘크리트 플랜지로 구성된 합성형 거더로써, 긴장재를 사용하지 않고서 콘크리트 플랜지에 프리스트레스를 가하는 공법이다. 이를 위해서 먼저 I형 강재거더의 하부 프랜지가 늘어나도록 만곡(camber)을 유지한 상태에서 하부 플랜지에 철근을 배근하고 콘크리트를 타설한다. 이어서, 콘크리트가 소정의 강도에 도달한 후에 미리 가한 프리플렉스 하중을 제거하여 강재거더의 만곡을 해방시킨다. 이로 인해 콘크리트부에 프리스트레스가 도입되는 메커니즘이다.

'PPCS 공법(Prestressed Precast Concrete Slab)'은 강재거더와 프리캐스트 PC 슬래브로 구성된 강합성거더로써, 프리스트레스의 도입 대상은 슬래브와 강재거더 각각에 설치된다. 먼저, 강재거더를 가설한 후, PC 슬래브를 설치한다. 이어서 PC 슬래브에 대해 교축방향으로 프리스트레스를 도입하고, 그 상태에서 슬래브와 강재거더를 전단연결재로 합성시킨다. 그리고 나서 슬래브에 가한 프리스트레스를 절반 정도 해방한다. 슬래브의 압축응력이 약 절반 정도 감소하며, 결과적으로 슬래브의 압축변형률이 되돌아오는(늘어나는) 변화를 보인다. 강재 거더는 이미 슬래브와 합성체이기 때문에, 슬래브의 변형률을 구속하는 구속력에 의해 상측에는 인장, 하측에는 압축의 변형률이 프리스트레스로써 도입되는 메커니즘이다.

'케미컬 프리스트레스'란 콘크리트 내부에 팽창성의 혼화제를 넣어, 경화 후 어느 일정시간이 경과할 때 까지 콘크리트에 팽창을 계속하도록 하는 성질을 부여하는 것이다. 이 팽창을 최초부터 구속함으로써 내부에 압축 변형률에 의한 프리스트레스를 가하는 것을 말한다. 콘크리트를 구속시키는 방법으로는, 부재를 이동할 필요가 있는 경우에는 견고한 철근망을 배치하여 구속시키기도 하고, 현장에서 타설하는 경우에는 튼튼한 몰드나 암반 등에 의해 팽창을 구속시키기도 한다.

그러나 위에서 언급한 여러 방법 중에서도 프리스트레스 도입 양, 신뢰

성, 적용성, 시공성 등을 종합적으로 평가해보더라도, 현시점에서 PC를 상회할 만한 것은 없는 것으로 판단된다.

Q PC 정착구 중에서 후레씨네 콘이란 어떤 것을 말하는가?

포스트텐션 방식에서는 도입한 긴장력을 확보하기 위해서 PC 장착구의 사용이 필수불가결하다.

만약 PC와 관련된 일을 하고 있다면 '후레씨네 콘'이라는 말을 어디선가 들어본 적이 있을 것이다. PC 초기 단계에서의 후레씨네 콘은 모르터를 사용하여 PC 정착구를 만들었다. 직경 및 높이가 12cm(12−ϕ7)임에도 불구하고 50톤 정도의 긴장력을 확보할 수 있는데, 실제 현장에서 물건을 보지 않고서는 믿기 어려운 부재였다. 이 정착구를 개발한 사람이 프랑스인 후레씨네였으며, 그의 천재성이 잘 반영된 제품이다. 후레씨네 이후 각종 정착구가 등장하는데, 당연한 것이지만 모두 금속제 정착구였다.

그 후에도 다양한 정착구가 개발 및 도입되었으며, 점차적으로 일본 국내에서 개발된 것들도 제품화되어 현재에는 공법별로 구분해보더라도 20종을 넘어서고 있다. 그러나 후레씨네 공법이라고 할 수 있는 것들 중에서도 강재 종류, 본수, 정착구조 등의 차이가 있기 때문에, 이들을 모두 구분해보면 800종류 정도가 되는 것으로 알려져 있다. 그러나 사용 실적면에서 살펴보면, 후레씨네 공법이 현시점에서도 약 70% 정도를 점하고 있으며, 따라서 표준적인 PC 정착공법으로 볼 수 있다. 다음에서는 주로 많이 사용되는 정착공법에 대해, 정착 방법 및 사용 재료의 종류에 따라 정리하였다.

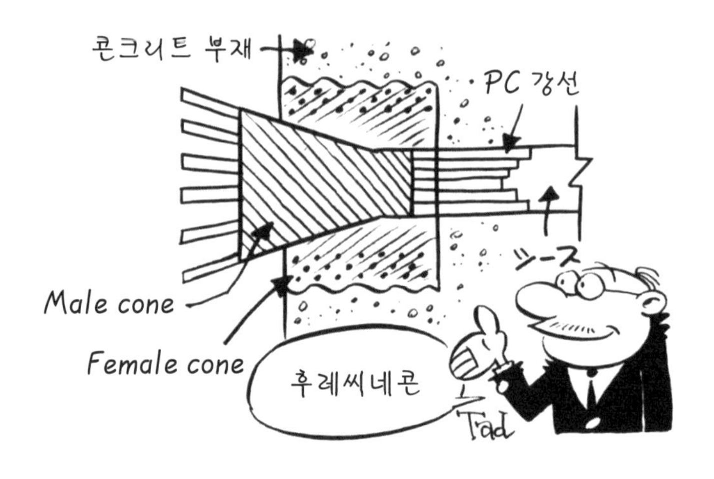

PC 정착구의 형식과 공법

형식	정착 구조·사용 재료	정착공법
쐐기 형식	• 내부 쐐기형식(여러 가닥의 강재에 대해 1개의 쐐기)(강선 또는 강연선)	Freyssinet, Anderson 공법
	• Wedge 형식(강재 1본당 1개의 쐐기)(강연선)	Freyssinet, VSL, KTB 공법 등
	• 압착스크류 형식(강재에 슬리브를 정착, 볼트를 절단)(강연선)	SEEE 공법
스크류 형식	• 강봉 스크류 형식(모재에 볼트를 절단)(강봉)	Dywidag 공법 등
	• 스크류 해드 형식(강선 단부에 버튼형 해드)(강선)	OSPA 공법, BBRV 공법

◎: 최근 PC용으로 가장 빈번히 사용

PC 강재의 요구 특성과 그 종류는 무엇인가?

후레씨네는 "PC 기술의 발전은, 고강도 강재와 고강도 콘크리트의 출현이 전제되어야만 했다."라고 주장해왔는데, 1890년경부터 시작된 PC 기술의 발전은 실용화까지 약 40년을 기다리지 않으면 안 되었다. 즉, 1930~1940년에 이르러, 유럽을 중심으로 현재 알려져 있는 모든 PC 기술이 열매 맺게 되었다. 그 당시의 시대배경을 생각해보면, 제2차 세계대전의 직전이었으며, 전쟁에 관련된 과학기술이 중심이 되어 과학기술 전체의 레벨이 한층 높아진 시대였다. PC 기술측면에서 살펴보면, 이제야 겨우 PC 강재와 같은 필요한 재료가 출현하려고 하는 단계, 즉 PC 기술의 발전을 방해하는 요인이 모두 사라지는 시대가 드디어 출현하게 된 것이다.

일본에서는 제2차 세계대전 직후인 1950년대에 이르러서야 완성된 상태에서의 PC 기술이 도입되었으며, 동시에 PC 강재 등 재료도 함께 받아들이게 되었다. 일본의 제작회사들은 신속한 기술 도입으로 일본산 PC 강재를 곧바로 공급함과 동시에, 그 후에는 PC 강재의 주요 생산국으로서 외국으로 수출하는 시대를 맞이하게 된다.

PC 강재에 요구되는 특성을 요약해보면, ① 높은 인장강도, ② 높은 탄성한계 및 항복점, ③ 적당한 신장률 및 인성, ④ 적은 릴렉레이션 양, ⑤ 응력부식저항성 및 내피로 특성이 우수한 점 등을 지적할 수 있으며, 프리텐션용으로써는 콘크리트와의 적당한 부착성이 요구된다.

PC 강재에 대해 일본공업규격(JIS)에서 정리한 종류는 다음 표와 같다.

PC교를 중심으로 한 PC 구조물에서는, 다음 표와 같이 긴장재로써 사용되며, 그 범위에서 1995년의 사용실적을 살펴보면 PC 강연선이 72%를 차지하고 있다. 또한 PC 강연선 중에서의 사용경향은, 시공성·경제성 측면으로부터, B종의 ϕ12.7mm 및 ϕ15.2mm가 가장 활발하며 약 50%를 차지한다. 향후에도 이러한 경향이 계속될 것으로 예상된다.

표 PC 강재의 종류

종류	소선의 수(본)	직경 ϕ(mm)	비고
PC 강연선[1] G3536	2 or 3	(2.9n본부터)	인장강도: • A종 1,720N/mm^{2}급 • B종 1,860N/mm^{2}급
	7 A종	9.3, 10.8, 12.4, 15.2	
	7 B종[2]	9.5, 11.1, 12.7, 15.2	
	19	17.8, 19.4, 21.8	
다중 PC 강연선 G35360에 상당하는 제품	7 x 7	–	SEEE 등
PC 강선 G3536	A종	5, 7, 8, 9	B종은 A종보다 100N/mm^2 up
	B종	5, 7, 8	
PC 강봉 G3109	A종2호, B종1호 B종2호, C종1호	9.2, 11, 13, 17, 23, 26, 32, 36, 40	주로 원형봉
작은 직경의 이형 PC 강봉 G3137	B종1호, C종1호 D종1호	7.1, 9.0, 10.7, 12.6	주로 파일용

1) 강연선, 강선은 적은 릴렉세이션량의 제품(L)과 보통제품(N)이 있다.
2) 강연선 B종은 ASTM(미국의 보급용 제품)을 토대로 하고 있다.

Q PC 구조물의 핵심인 PC 강재가 녹스는 경우도 있는가?

1985년, 영국에서는 공용 중인 PC 교량의 낙교 사고가 보고되었으며, 일본에서도 고속도로 고가교에서 횡방향으로 설치된 PC 강재에서 파단사고가 보고된 적이 있다. PC 강재 및 철근은 건전한 콘크리트로 완전히 피복되어 있는 한, 부식은 거의 진행되지 않는 것으로 알려져 있다. 포스트텐션의 경우에는, 프리스트레싱을 실시한 후 덕트 내에 시멘트 그라우트를 충전하여 PC 강재를 피복하는 방법으로 동일한 효과를 기대하고 있다.

일본에서 발생한 사고는 그라우팅 불량에 기인한 것으로 밝혀졌는데, 오늘날에는 그라우팅 불량과 같은 단순한 문제로부터, PC 구조물 자체의 안전성, 신뢰성, 내구성 등에 대한 부분으로 그 초점이 옮겨가는 듯이 보인다.

여기서는 PC 구조물의 생명선이라고도 알려져 있는 PC 강재에 대하여, 특히 내구성을 목적으로 하여 개발된 재료의 발전 동향을 전망해보기로 한다. PC 강재 등이 콘크리트 내부에서 부식되지 않는 것은, 내부가 고알칼리 환경이기 때문에 부식반응을 방지하는 피막이 형성되어 있기 때문이다.

그러나 아무리 양질의 시공에 의한 PC 구조물이더라도 오랜 공용 기간으로 인해 균열 발생, 염분 침투, 탄산화 진행 등으로 인해 그 피막이 파괴될 가능성이 있는데, 이는 1980년대 후반기에 대두된 염해 문제 이래로 그 메커니즘을 이해하게 되었다.

이러한 배경으로 인해 PC 구조물에서 PC 강재와 같이 특히 중요한 재료에 대해서는, 처음부터 녹이 발생하지 않는 재료나 완전방청 처리된 강재, 내구성을 보증할 수 있는 대책 등이 등장하게 되었다. 현재에는 이러한 관련 기술 개발을 통해 방식 처리된 PC 재료의 선택이 가능하게 되었다.

현시점에 입수가 가능한 PC 재료로는 다음과 같은 것이 있다.

① PC 강재를 방청재료로 도포한다(강재 외면에 구리스 등을 도포하거나, 또는 폴리에틸렌관 등으로 보호한다. Unbonded 강재 등).
② PC 강재 표면을 피막으로 감싼다(에폭시 수지도장, 아연도금 등).
③ 부식하지 않는 강재를 선정한다(스테인레스계).
④ FRP계 등 비철재를 선정한다(CFRP, AFRP, GFRP 등).

이들을 PC용 긴장재로써 선정하는 경우, 긴장재의 종류(연선, 선, 봉), 기계적 성질, 콘크리트와의 부착력(유, 무), 그라우팅(요, 불요), 덕트의 재질(철, 비철), 긴장력의 범위, 가격 등을 종합적으로 검토하여, 최적의 것을 선정해내는 것이 중요하다.

프리스트레스 도입 후에 곧바로 실시하는 그라우팅이란 무엇인가?

1960년대 초기에 실제 일본에서의 교량공사 현장에서는 공사가 거더 제작 단계에 들어서게 되면, 현장소장으로부터 다음과 같은 지시가 내려지곤 하였다. ① 프리스트레스를 도입한 후, 곧바로 그라우팅을 주입할 것, ② 그라우팅 펌프의 주입압력은 2kg/cm^{2}을 표준으로 할 것, ③ 동절기 공사를 위해서 그라우팅 주입 후 연탄을 피워, 거더 양측에 5m 간격으로 배치하여 온도를 높일 것, ④ 그 간격 사이에 있는 PC 거더는 시트로 감싸야 하기 때문에 화재를 대비하여 철야로 감시할 것, ⑤ 가스 중독에 주의할 것 등이었다. 현 시점에서 그때를 되돌아보면, 그라우팅의 배합이나 주입후의 처리 등에 대해서는 거의 주의를 기울이지 않았던 것 같다.

1970년대에 들어와서는, 홋카이도, 도후쿠 지방의 포스트텐션 T형 거더 교량에서 주 케이블의 상방향 휨에 의해 발생한 웨브 균열이 발견되어 문제가 된 적이 있었다. 당시의 견해에서는 배합 불량에 의한 재료 분리와 그에 따른 공극화, 그라우팅 시공 시의 동결, 거더 상면의 개구부로부터의 침투수 동결 등이 원인으로 지적되었으며, 그 직후에 개정된 시방서에서는 배합, 주입 시의 처리, 양생조건 등이 상세하게 규정되었다.

그 후 그라우팅과 관련된 사고는 대략 10년에 1개 정도의 사이클로 발생하였다. 그러나 사고가 발생하지 않은 그 사이의 대응은 어디까지나 시공적 문제점으로 받아들여졌으며, 매뉴얼에서도 철저한 시공관리를 위한 현장작업자의 주의력에 기대하는 것으로 일관되었다.

영국의 그라우팅 불량에 의한 낙교사고 발생, 일본에서의 고가교 횡방향 PC 강재가 그라우팅 불량에 기인하여 파단되는 사례 등으로 인해 그라우팅 문제는 단순한 시공관리적인 문제점에만 국한되지 않고, PC 구조물의 내구성, 안전성, 신뢰성 등에 관련된 기본적인 문제점으로 취급되었다. 새로운 PC용 긴장재의 개발도 그 일환이라고 할 수 있다.

일본의 PC건설업협회에서도 그라우팅 문제를 중요하게 다루었으며, 정부의 관심을 이끌어내어 결과적으로 『1996년 판: PC 그라우팅/시공 매뉴얼』을 간행하였다. 이 매뉴얼에서는 그라우팅 재료 및 품질, 믹서의 회전수, 그라우팅 주입 및 시공관리 등에 대해서 새롭게 개정하였다.

도입 프리스트레스가 시간과 함께 감소하는 것은 왜 발생하는가?

PC 강재를 잭으로 긴장하여 곧바로 정착구에 정착시키는 포스트텐션 공법의 경우, PC 강재에 작용하고 있는 긴장력, 즉 프리스트레스는 시간과 함께 점차적으로 감소하는 것으로 알려져 있다. 이 감소 경향은 수년 후에는 정지하게 된다. 즉, 무한적으로 계속해서 감소되는 것은 아니다.

이 변화를 시간적으로 살펴보면, 프리스트레스 도입 후의 최초 28일에서 최종 감소량의 1/2, 3~4개월 경과한 시점에서는 최종량의 3/4 정도에 이르는 것으로 알려져 있다. 이러한 감소량에 대한 설계치는 계산에 의해서 비교적 간단하게 산출 가능하다.

일반적으로 추정감소량은 '완성계 구조의 프리스트레스(정착 직후의 설계 단면의 긴장력)'에 대해 많이 잡아서 20% 정도이다. 따라서 장기적으로 잔존하는 '유효 프리스트레스'는 완성계 구조의 프리스트레스의 80% 정도가 된다.

이 유효 프리스트레스는 PC 구조물의 설계하중 단계에서의 응력검토에 의한 안전성 평가 시의 기준이 되는 프리스트레스인 점에서 중요한 설계치의 하나이다.

프리스트레스가 시간과 함께 점차로 감소하는 주된 원인은 콘크리트의 건조수축, 크리프 및 PC 강재의 릴렉세이션의 영향을 받기 때문이다.

크리프란 일정 응력 상태에서 변형률의 변화량을 구하여 규정하는 것으로써, 탄성변형률에 대한 크리프 변형률의 비율을 크리프 계수 ϕ라고 한다. 한편 '릴렉세이션'이란 일정 변형률 상태에서의 응력 감소량을 의미한다.

콘크리트는 부재의 건조에 의해 3차원 방향으로 건조수축이 발생한다. 특히 PC 부재에서는 길이방향(PC 강재의 방향)으로의 수축이 발생하는데, 이로 인해 PC 강재의 긴장력이 감소한다. 설계에서 표준적으로 사용하고 있는 건조수축량은 150μ이며, 이 크기는 콘크리트의 열팽창 계수가

$10\mu/°C$이기 때문에 15°C의 온도 변화에 의한 변형률에 상당하는 값이며, PC 강재에는 결코 무시할 수 없는 큰 변형률이 된다.

Q 프리스트레스를 정확하게 도입하기 위해서 고려하는 항목은 무엇인가?

프리스트레싱이란 콘크리트에 프리스트레스를 도입하기 위해 유압잭 등의 기기를 사용하여 PC 강재를 긴장하여 정착하는 작업을 말한다. 프리스트레싱 관리란 이러한 일련의 작업에서 프리스트레스를 정확하게 가하기 위해 계기의 교정(캘리브레이션), 측정 작업, 계산치와 측정치의 검토, 이상치에 대한 모니터링 등의 관리 작업을 말한다.

아래에서는 여러 개의 케이블로 이루어져 있는 포스트텐션 단순보를, 예로 들어 프리스트레스를 정확하게 도입하기 위한 보정항목에 대하여 설명한다.

단순보에서의 설계 단면은 스팬의 중앙부가 되는데, 이 단면에 설계상 필요한 프리스트레스를 '유효 프리스트레스'라고 한다. 유효 프리스트레스는 이 단면에 반영구적으로 필요한 것으로써, 이를 확보하기 위해 건조수축, 크리프, 릴렉세이션 등 시간과 함께 감소하는 프리스트레스의 감소량을 사전에 예측하여, 이를 설계상 요구되는 프리스트레스에 추가로 도입해두지 않으면 안 된다.

단면 설계 시의 프리스트레스 양은 설계도서에 명기된다. 그러나 이것들은 스팬의 중앙 단면에서 필요한 프리스트레스고, 공사 현장에서는 긴장작업 및 계측을 거더 단부에 설치된 잭으로 실시하기 때문에, 거더단부까지의 마찰손실 등에 의한 보정을 실시하지 않으면 안 된다. 보정항목으

로는 ① PC 강재와 콘크리트를 절연시킬 목적으로 사용하는 금속제의 관을 쉬스관이라고 하는데, 이에 의한 마찰 손실, ② 거더의 탄성변형에 의한 손실, ③ 정착구·잭의 마찰 손실, ④ 세팅에 의한 영향, ⑤ 긴장력과 신장량의 관계를 평가하는 겉보기 Young 계수 등이다. 이 중에서 ②는 계산에서 구한 값을 사용한다. ③은 캘리브레이션으로부터 결정되는 일정치를 추가 시킨다. ④의 세팅은 웨지 방식의 정착구 고유의 것으로써 웨지의 압입에 의한 강재 이완의 감소를 의미하는 것으로써, 일반적으로 설계단면까지는 그 영향이 미치지 않기 때문에 무시하는 경우가 일반적이다. ⑤는 PC 강연선의 신장을 산출하는 경우에 필요한 값인데, 현장에서의 긴장실험 또는 과거의 실적으로부터 가정하게 된다.

이상과 같은 특징으로 살펴보면, ①의 쉬스관에 따른 마찰손실량이 매우 중요한 것을 알 수 있다. 따라서 주로 ①에 착안하여, 통계적인 관리법을 이용하여 긴장력 평가를 실시하는 것이 중요하다.

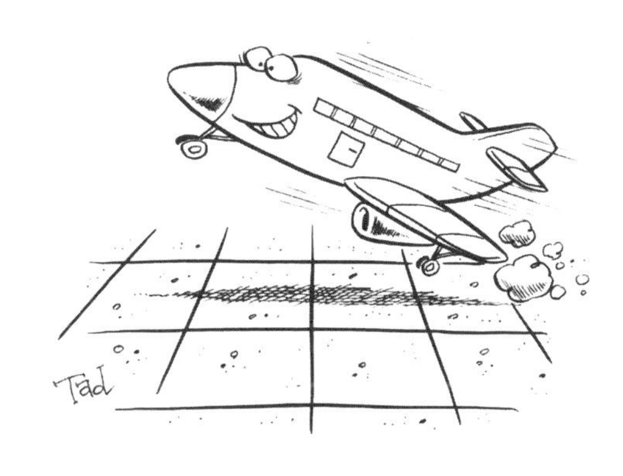

6 프리스트레스트 콘크리트의 이용

6 프리스트레스트 콘크리트의 이용

Q PC 기술은 주로 어떠한 구조물에 사용되었는가?

PC 전문업체 등 41개社가 가입하고 있는 (사)PC건설업협회의 자료를 토대로, PC의 용도별 수주금액을 살펴보면, 다음 그림과 같다. 즉, 교량 분야 수주금액이 1995년도에는 약 4,360억 엔이며, PC 전체의 약 83%를 차지하고 있는 것을 알 수 있다. 마치 일본의 PC 기술은 교량 건설을 위해 존재한다고 하더라도 지나치지 않을 상황이다. 교량 이외의 분야를 살펴보면, 가장 PC 성향이 높은 것은 상수 탱크와 같은 용기류 분야이며, 매년 300억 엔(약 7%) 정도로 거의 일정한 경향을 보이고 있다. 건축 분야도 용기류와 같이 거의 동일한 경향을 보이고 있다. 한편 도로 방재구조물은 100억 엔(약 2%) 정도로 이것도 역시 거의 일정한 경향이며, 프리텐션의 교량 거더를 제외하면 대표적인 PC 제품이라고 할 수 있는 PC 침목, 궤도 슬래브에서도 100억 엔(약 2%) 정도이다. 기타 분야로는, 예를 들어 PC 포장, PC 널말뚝 등이 포함되며, 150억 엔(약 3%) 정도로 추정된다.

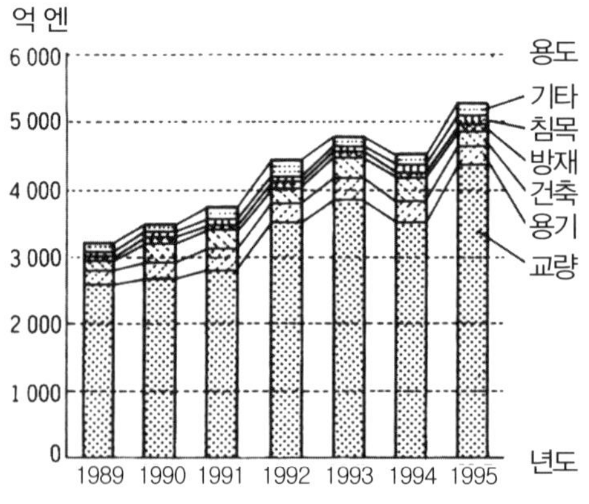

그림 PC의 용도별 수주금액(PC건설업협회 제공)

교량과 관련된 최근의 주된 기술적 경향은 다음과 같다.

① 교량의 연속화 요구로 인해, 단순거더 형식은 극단적으로 감소하는 경향을 보이며, PC교를 대표하는 단순 T형 거더교에서도 연속거더교로 시공되고 있다.

② 연속 박스거더교 형식은 받침의 유지관리, 경제성 등으로 인해 교각과 보강거더가 서로 강결된 연속 라멘 구조로 시공되고 있다.

③ 장대경간 교량의 경우, 종래에는 켄틸레버 거더식 교량에 거의 한정되었으나, 시공기술의 발전으로 인해 아치교, 사장교, 엑스트라도즈드교 등 다양한 구조 형식이 선택되었다.

이렇게 교량 건설에는 PC기술이 더욱더 폭넓게 활용되고 있다고 할 수 있다.

PC 건축에서는 경기장, 입체 주차장, 창고, 체육관, 행거 등에 자주 적용되고 있으며, 대형 건축물로의 적용이 증가하는 추세이다. PC 용기에서는 상수 탱크의 프리캐스트(PCa)화 이외에도 계란형 오염소화조, LNG 탱크, 원유저장조, 원자로 격납용기 등의 신분야에의 적용이 점차적으로 늘어나고 있다. 도로방재 분야에는 주로 낙석 및 낙설 대책으로써 피암터널과 같은 라멘식 구조물이 있는데, 산악도로이기 때문에 프리캐스트 PC 구조가 요구되는 경향이 있다.

Q 건축에서는 왜 PC 기술이 토목 분야처럼 크게 적용되지 못하는가?

1960년대의 콘크리트 기술지를 살펴보면 PC 기술의 건축 분야 적용 사례가 많이 보고되고 있어 토목 분야의 대표적인 교량구조물에 비해 전혀 부족하다고 할 수 없을 정도였다. 그러나 그 후 건축 분야로의 보급은 교량 분야에 비교하여 거의 증가하지 않았으며, 지금까지도 이러한 경향이 지속되고 있어, PC 전체 수주량의 약 10% 정도에 미치지 않는 상황이다.

PC 건축 관계자라면 1970년경 일본에서의 보링장 건설 붐을 기억할 것이다. PC 기술이 구조물에서 중요한 보·기둥 등에 구체적으로 적용된 사례였다. 그러나 이 붐은 일회성으로 끝나버렸다. 오늘날의 입장에서 그때를 되돌아보면, 그 붐은 PC 공법에 의해 건물 스팬이 RC 구조보다도 확실히 더 길어지긴 했지만, 현장타설공법 수준에 머물러 있었으며, 그 외의 건물에는 거의 적용되지 못하였기 때문으로 여겨진다. 그 후 PC 업계에서는

프리캐스트 PC 부재(더블 T형 슬래브, 싱글 T형 슬래브, 하프 슬래브, 개구부를 가지는 슬래브 등)의 표준화와 부재 제작에 노력해왔다.

그러나 최근에는 "중앙 집중형보다는 지방 분권형의 시대로~"라는 말처럼, 모든 분야에서 지방 분산 운동이 전개되고 있다. 건축물 분야를 살펴보면, 오피스 빌딩 대신에 대형 창고, 대형 경기장, 대형 전시장 등의 계획이 전국적으로 증가하고 있다. 또한 건설업계에서도 사회적인 변화의 영향에 의해, 노동집약형인 현장타설공법으로부터 자동화 및 급속시공이 가능한 조립공법으로의 요구가 커지고 있다. 특히 이 공법에는 프리캐스트 부재 간의 접합이 필요하다. 접합기술의 신뢰성, 시공성, 경제성 등의 종합적인 효과를 얻기 위해서는 PC 기술의 적용을 피해갈 수 없다. 이러한 관점을 고려하면 건축 분야에서 PC 기술의 발전 가능성은 매우 밝다고 할 수 있다.

다만 건축기술자들에게 바라는 것은 현장타설 구조를 단순히 프리캐스트 부재로 치환하는 것에만 흥미를 가지지 않기를 바란다는 점이다. 호주 시드니의 오페라하우스를 예로 들 것까지는 없지만, 프리캐스트 구조가 아니면 표현할 수 없는 매력적인 건축물로 디자인하는 등의 노력이 전제되어야 한다.

PC 기술에 의한 현수바닥판교란 어떤 구조인가?

PC 기술로써 일본에서 세계 최초로 시도된 창조적인 공법은 거의 없는 실정이다. "PC와 관련된 연구자나 기술자 중에서 탁월한 인물이 없었다."라고 한다면 더 이상 이야기를 전개해나갈 수 없겠지만, 일본에서는 교량과 같은 사회기반 시설물은 과거 시공실적의 유무에 의해 채택되는 관습이 있는데, 이러한 점도 무시할 수 없는 이유 중에 하나일 수도 있다. 이러한 점에서는 건축 분야와 큰 차이가 있는데, 건축계에서는 세계적인 레벨의 건축가가 몇 명이나 있다고 알려져 있다.

그러나 어딘가 외국에서 시도된 적이 있는 PC 구조물이더라도, 구조적으로 흥미를 유발하는 것들은 대체적으로 일본에서도 시도되고 있는 것으로 보인다. 이러한 상황으로 인해 한때는 "일본인은 그야말로 모방하는 것은 끝내주기 때문에 …" 등의 자조적인 말로 투덜거린 적도 있었으나, 다시 생각해보면 단지 구조물을 한번 본 것만으로 보다 더 스마트한 상태로 재현할 수 있다는 것은 그 기술적 레벨이 결코 낮지 않다는 것을 의미한다고도 볼 수 있을 것이다.

현수바닥판교 사례

시오사이바시 교량

여기서 소개하는 현수바닥판교는 보스포루스해협 횡단 교량 설계안의 하나로써 독일 콘크리트 기술지에 처음 소개된 적이 있는데, 현수교에 필적할만한 장경간의 콘크리트 교량이 PC 공법으로 시공될지도 모른다고 하는 놀라움이 강하게 남아 있었던 적이 있다. 이 교량은 1958년에 제안된 Dywidag社의 Finsterwalder 박사의 계획안으로써, 교장 1,200m(3경간 @400m)의 교량이었다. 그해(1958)는 일본에서 FCM공법(Free Cantilever Method, 일명 Dywidag 공법)의 제1호인 아라시야마교량(카나가와현)이 시공된 시기였다.

아쉽게도 Finsterwalder 박사의 제안은 채택되지 않았으나, 그 후 독일의 프라이부르크 시내의 보도교나 1970년 오사카세계박람회 보도교 등에서 현수바닥판교로 활용되었다.

현수교의 주 케이블과 같이 휨강성을 무시할 수 있는 부재에 등분포하중을 가하는 경우에는, 양단의 수평반력(H)과 경간 중앙부의 처짐량을 나타내는 새그량(f)의 관계는 $H \cdot f$ =일정이다. 이 관계식에서는 f가 0에 가깝게 되면 케이블의 H는 급속히 증대하여 ∞에 근접하게 된다. 따라서 현수바닥판교의 콘크리트 슬래브를 그대로 교량으로 이용하는 경우에는 적절한 양의 새그를 허용하지 않으면 안 된다. 이러한 점으로 인해 처음에는 주로 보도교에 적용되기 시작하였다.

실제의 현수바닥판교는 다경간 교량의 교대 사이에 케이블을 설치한 후, 계획한 새그 양이 되도록 긴장력을 가하여 양쪽 교대에 정착시킨다. 또한 교대는 그 긴장력의 반력을 자중으로만 지지하는 것은 비경제적이기 때문에 그라운드 앵커를 이용하여 지반으로 전달시키는 것이 일반적이다. 최근에는 아치교를 180° 회전시킨 정도로 새그를 크게 한 켄틸레버식 교량 위에 별도의 슬래브를 설치한 역랭거 형식도 시공되고 있다. 이러한 형식은 도로 노면의 계획고를 임의로 조정할 수 있기 때문에, 도로교에도 적용이 가능하다. 시즈오카현의 시오사이바시는 이러한 형식의 일례이다.

Q 콘크리트 아치교가 다시 새롭게 변경된 이유는 무엇인가?

아치교는 오랜 역사를 가지고 있는데, 로마시대에 만들어진 석조아치교 중에서도 현대에까지 남겨져 있는 것들도 있다. 한편 중국에서도 독자적인 교량 기술이 발달하였는데, 거의 동시기에 만들어진 경간 37m의 석조아치교가 현존하고 있다. 일본에서는 17세기가 되어서야 석조아치교가 큐슈에 집중적으로 등장하게 된다.

이렇듯이 교량 재료는 석재로부터 시작하였는데, 그 재료적 특성을 가장 잘 살린 구조가 바로 아치라고 할 수 있다. 경화한 콘크리트는 인장에 약한 재료로써 마치 석재나 구운 벽돌과 유사한 재료적 특징을 가진다. 따라서 콘크리트가 석재의 위치를 빼앗는 것은 단지 시간문제인 것으로 여겨진다. 콘크리트가 교량에 사용되기 시작한 것은 19세기 말인데, 20세기에 들어와서 스위스의 Robert Maillart와 같은 우수한 구조공학자가 연이어서 등장하면서 현재까지도 높이 평가받는 아치교를 건설하게 되었다. 이렇듯이 아치교는 제2차 세계대전 이전에도 많이 건설되어 경간이 긴 콘크리트 교량에서 주로 적용되었으나, 그 시공법이 지보공 시공의 한계를 넘어서지 못하면서 1950년대 후반의 PC 시대에 들어와서 점차 자리를 잃어가게 되었다. 즉, 1958년에 디비닥 공법(지보공이 불필요한 켄틸레버 공법)이 도입되어, 카나가와현의 아라시야마교 시공을 통해서 거더교 형식에서도 종래의 아치교 경간을 간단히 초과하는 것이 가능하다는 인식을 가지게 되었다.

콘크리트 아치교를 또 한번 새롭게 발전시킨 것은 고정지보공을 사용하지 않는 시공법 개발에 의해서였다. 이 공법으로 인해 시공 측면에서의 단점이 해소됨과 동시에, 아치가 본래 가지고 있는 구조적인 우수성, 수려한 외관 및 환경과의 조화 등이 재인식되어 교량 계획의 새로운 대안으로 등장하게 되었다. 현재 콘크리트 아치교 건설에서 세 종류의 지보공 불필요 공법이 실용화되어 있다.

그중에 하나가 켄틸레버식 아치교 가설공법이다. 이 공법은 아치 리브를 켄틸레버식 가설로 시공하는데, 이때 보강거더 시공을 동시에 진행하면서 그 내부에 배치한 경사진 트러스 형상의 부재를 인장재로 하여 아치 리브를 지지해가면서 순차적으로 시공해나가는 공법이다. 그 외에, Lowering식 아치 가설공법 및 강관을 이용한 아치리브 시공 후에 그 주위를 다시 콘

크리트로 시공하는 합성 아치공법(CLCA 공법) 등이 있다.

이들 가설공법들의 공통점은 시공단계에서 아치리브를 지지하는 기술이며, PC 공법의 특징을 훌륭하게 접목시켜 간단하면서도 큰 지지력을 발휘하고 있다는 점이다.

Q PC교의 계획에서 기술적인 주요 포인트는 무엇인가?

교량 계획에서 먼저 도로 계획과 관련된 기본조건, 가설 지점과 관련된 각종 제약조건 및 환경조건 등을 정리한 후에 구조조건의 설정으로 들어가게 된다. 구조조건의 설정에서 특히 중요한 항목은 교량 경간의 길이 결정이다.

PC교의 경우 이 경간 길이와 구조형식·가설공법·보강거더 단면 형상의 3요소 간에는 매우 밀접한 관계가 있으며, 계획에서는 이들 요소를 각각 검토하는 것만으로는 불충분하며, 항상 이들을 서로 구체적으로 조합해가면서, 종합적으로 검토를 진행해나가는 것이 중요하다.

다음 표에서는 현장타설 PC교의 적용 경간과 상기의 3요소와의 조합 관계를 나타내었다. 이 표는 일본에서 설치된 PC교의 실태조사를 토대로 작성된 것이다. 또한 프리캐스트 PC 거더교(프리텐션 및 포스트텐션 거더)는 표준화(JIS 또는 일본건설성)되어 있기 때문에 생략하였다.

표로부터 대략 다음과 같은 사항들을 요약할 수 있다.

① 단순 거더교는 모두 고정식 지보공이 채용되었으며, 단면형상은 박스거더와 중공 슬래브이다.

표 현장타설 PC교의 적용 지간장

가설 공법	구조 형식	단면 형상	지간장(m) 10 20 30 40 50 60 70 80 90 100 150 200 250
고정식 지보공 가설	단순거더교	중공 슬래브	
		박스 거더	
	연속거더교	중공 슬래브	
		2(3)주형 박스거더	
		박스 거더	
이동식 지보공 가설	연속거더교	중공 슬래브	
		2(3)주형 박스거더	
		박스 거더	
압출 공법	연속거더교	박스 거더	
켄틸레버 가설 공법	힌지를 가지는 라멘교	박스 거더	
	T형 라멘교		
	연속라멘교		
	연속거더교		
	사장교		

② 연속 거더교는 모든 가설공법 및 단면 형상과의 조합 실적이 있는데, 비교적 많이 적용된 조합으로는 고정식 지보공에서는 박스 거더와 중공 슬래브, 켄틸레버 가설에서는 박스 거더, 대형 이동식 지보공에서는 중공 슬래브와 플레이트 거더, 압출공법에서는 박스거더로 각각 나타났다.

③ 라멘교는 연속라멘, 힌지를 가지는 라멘, T형 라멘 등 세 종류가 종래

까지는 동일한 비율로 적용되어왔으나, 모두 켄틸레버 가설공법으로써 박스거더이다. 또한 힌지를 가지는 라멘은 감소 경향에 있다.

④ 적용 스팬의 범위는 단면 형상에 의해 거의 결정된다. 중공 슬래브와 플레이트 거더의 경우에는 적용 스팬의 범위가 20~40m 정도이다.

⑤ 박스 거더의 경우, 고정식 지보공에서는 30~70m, 켄틸레버 가설에서는 50~150m 정도이며, 구조형식에 의한 차이는 거의 없다.

⑥ 경간이 150m를 초과하게 되면, 거더교인 경우에는 힌지를 가지는 라멘교였는데, 최근에는 사장교, 엑스트라도즈드교, 아치교 등으로 옮겨가는 추세이다.

Q 프리캐스트 세그먼트 공법의 역사는 어떠한가?

프리캐스트 세그먼트 공법이란, PC 초기 단계에서부터 실시되어온 블록 공법과 거의 유사한 공법이다.

이 공법은 1996년도에 개정된 도로교 시방서·콘크리트 편에 처음으로 정의된 것으로써, 원안에 의하면 "몇 개의 세그먼트로 나누어 제작한 프리캐스트 부재를 접착제를 이용하여 접합하고, 프리스트레스를 가하여 일체화하는 공법", 또는 그 해설서에서는 "종래, 프리캐스트 블록 공법이라 칭하는 공법이다"라고 표현하고 있다.

이 정의에는 "… 접착제를 이용하여 접합하고 …"라는 문구가 들어 있는 것으로 보아, 이음부 재료로써 에폭시 수지 또는 이와 유사한 종류의 접착제를 사용하는 것이 전제되어 있다.

일본에서의 블록 공법은 T형 거더의 블록화로부터 시작하여, 1960년대 후반기에는 박스 거더의 블록화에까지 이르게 되었다. 특히 박스 거더에 대해서는 접착제 이음부가 1966년의 메구로 고가교, 콘크리트 이음부는 1968년의 JR 오우혼센에 있는 요네시로 교량(2×3@56.3m 연속 박스거더교)에 각각 처음 실시되었으나, 모두 지보공 위에서 조립된 것들이다. 이 공법은 고속도로의 가도교(over bridge) 시공 시의 PCa화로 이어져서 잠시 동안은 지속되었다. 일본에서는 이들 모두를 최근까지 블록 공법이라고 불렀다. 그러나 해외 문헌 등에서는 이른바 교량 거더의 분할 시공을 세그먼트 공법, PCa의 경우에는 PCa 세그먼트 공법(교량)이 일반적인 용어로 사용되었다. 또한 제2 도메이고속도로와 관련한 시범공사 및 본선공사 중에서 비교적 대형 PCa 세그먼트 교량이 설계된 점 등으로 인해 일본에서도 최근 수년간 이 용어를 사용하는 사람이 늘어나게 되었다.

이러한 경위로 인해 호칭을 PCa 세그먼트 공법으로 변경하게 된 것으로 여겨진다. 다만 대체로 이 용어를 PCa 다경간 박스 거더교를 의식하여 사용하고 있으며, 포스트텐션 T형 거더에 대해서는 변함없이 블록 공법을 사용하는 등 다소 혼용되고 있는 실정이다.

한편 일본에서 PCa 세그먼트 교량(박스거더)의 실적을 살펴보면, 교장 100m 이상의 PC 박스거더교는 900개소 정도의 실적을 가지고 있으나, 이

중에서 PCa 세그먼트 교량은 40개소 정도로써 의외로 그 수가 많지 않다. 이에 대한 이유로는 여러 가지를 생각해볼 수 있는데, ① 장대교량(500m 정도 이상)이 비교적 많지 않은 점, ② 장대교량이더라도 발주 규모가 세분화되어 있는 점 등으로 인해 대형 가설설비에 대한 투자가 쉽지 않았던 상황인 점을 생각할 수 있다.

콘크리트 교량의 보강 필요성과 그 대책공은 무엇인가?

1983년은 콘크리트 구조물에 나타난 염해 문제가 각종 매스콤에서 집중적으로 보도되어, 'Concrete crisis'라는 유행어와 함께, 반영구적인 수명을 가지는 것으로 알려진 '콘크리트 신화'가 산산이 무너져 내린 한해였다. 그 후 알칼리 골재반응 등도 대두되어 이를 계기로 인프라 시설물의 손상, 내구성 등에 대한 관심이 크게 높아지기 시작하였으며, 불충분하기는 하지만 각종 정보도 발표되기 시작하였다. 조금 거짓말을 보태서 표현해본다면, 일본의 콘크리트 기술 역사상 가장 중요한 시기가 될지도 모르겠다.

이들 정보 개시의 효과는, ① 아무리 적절한 시공을 실시한 구조물이더라도 어떠한 조건하에서는 손상이 발생할 가능성이 있다는 사실을 알게 된 점, ② 보수 예산에 대한 계상이 용이하게 된 점, ③ 보수기술의 발전에 자극제가 된 점 등이다.

그러면 현실적인 문제로써 보수·보강에 직면한 경우에 일반적으로 강교인 경우는 간단하지만, 콘크리트 교량인 경우에는 의외로 명확하지 못한 점이 있다. 예를 들어, 염해 보수를 위해서는 단면 복구, 표면 도장 등이 주된 방법인데, 이들은 열화의 진행을 억지하는 것으로써 보수(내구성의 현상 유지) 공법에 해당되며, 교량이 당초부터 가지고 있던 내하력까지 끌어 올리는 보강(내구성의 회복 및 향상) 공법이라고는 단정할 수 없다. 알칼리 골재반응에 대한 대책도 이와 유사하다.

1993년의 도로교 시방서 개정에서는 설계 활하중을 약 25% 증가시켰다. 이로 인해 당연한 결과이지만, 그 이전 시방서에 기초를 둔 기존 교량은 설계상의 내하력이 부족하였으며, 도로 중요도에 따라 순차적으로 보강을 실시하였다. 이러한 급작스러운 요구에 대해 콘크리트 교량은 과연 대응이 될까.

이에 대한 대응책으로는 최근 주목받고 있는 '외부 케이블 공법'을 들 수 있다. 이를 적용함으로써 콘크리트 교량의 거의 대부분의 '보강'은 가능하게 된다. 더구나 이 보강법은 내구성, 시공성, 신뢰성, 경제성 등 종합적인 측면에서도 가장 적합한 공법이라고 할 수 있다.

외부 케이블 공법을 보강에 적용하는 경우에는, ① 외부 케이블의 배치와 프리스트레스의 도입작업이 가능한지 여부, ② 정착부 확보가 가능한지에 대한 외관적 검토가 만족한다면, 그 다음의 검토부분은 간단한 응력계산만으로 마무리된다.

또한 특수한 보강공법으로써, 고베대지진(1995) 이후 수많은 RC 교각

에 적용되고 있는, ① 강판보강 공법, ② RC 증설 공법, ③ 탄소섬유 부착 공법이 있다. 이들은 교량 거더의 외부 케이블 보강과 달리, ① 기존의 교각 기둥에 대한 보강 공법이며, ② 보강의 목적을 지진하중에 한정한 점, ③ 내진 설계 개념이 강도설계에서 인성(toughness) 설계로 이행한 점 등의 이유로 인해 적용된 것으로 여겨지며, 공법 효과에 대한 평가는 앞으로 이루어져야 할 남은 과제이다.

Q PC 거더를 대충 보관하면 부러져버린다는 게 정말인가?

포스트텐션 단순거더에 대한 PC 케이블의 배치 형상은 거더 자중에 의한 휨모멘트도와 같은 포물선 형상을 취하고 있다. 이것을 모멘트도로 표현하면, 거더 자중은 정의 모멘트(거더 하측에 인장), 프리스트레스는 부의 모멘트(거더 하부에 압축)가 되기 때문에, 동시에 작용하는 경우에는 서로 간에 상쇄되어 합성 모멘트는 저감된다.

만약 이 거더를 양단부와 중앙의 3점에서 지지하게 되면 어떻게 될까?

아마도 중앙부 단면의 상부 플랜지부에서 균열이 발생하고, 경우에 따라서는 위 방향으로 솟아오르는 산 형태로 부러져버릴 수도 있다.

이러한 현상이 생기는 것은 2개의 휨모멘트의 성질이 서로 다른 점에 기인한다. 즉, 거더의 자중 모멘트는 중력과 지지력과의 힘의 균형으로부터 결정되는 단면력인 것에 비하여, 프리스트레스 모멘트는 도입긴장력과 내부응력과의 힘의 평형으로부터 결정되는 단면력이기 때문에 중력의 영향을 받지 않는다. 다시 말하면, 이 단면력은 지지 상태와는 관계없이 작용하고 있다는 것이다.

그러면 상기에서 언급한 2점 지지가 3점 지지로 바뀌면, 거더 중앙부의 휨모멘트는 어떻게 달라지는지에 대해 살펴보자.

먼저 프리스트레스 모멘트에 관해서는 지지 상태와 무관계하기 때문에, 최초와 동일한 부의 최대 휨 모멘트 상태이다. 한편 거더 자중은 최대의 정의 모멘트로부터, 2경간 연속거더의 지점 모멘트, 즉 부의 최대 휨 모멘트로 순간적으로 변하게 된다. 따라서 이 두 종류의 모멘트를 합성하게 되면, 중앙 지점부의 모멘트는 부의 휨모멘트가 가산됨으로써, 상부 플랜지부에 큰 인장응력이 발생하여, 변상이 발생할 가능성이 높아진다.

이러한 설명은 편의상 프리스트레스 힘에 의한 단면력을 휨모멘트만을 이용하여 언급한 것으로써, 실제로는 축압축력이 동시에 작용하고 있다. 또한 실제의 설계에서는 각각의 한계상태의 제한치가 결정되어 있기 때문에 단순하게 휨모멘트의 비교만으로는 안 된다.

PC 거더를 다루는 사람이 제일 먼저 배우게 되는 지식으로는 거더를 임시로 거치하는 경우나 크레인으로 들어 올리는 경우의 지지점의 위치 또는 들어올리기 위한 금속 연결부의 위치는, 최종적으로 설치하는 받침 위치에 가능한 한 맞출 수 있도록 하여야 한다는 점이다.

Q PC 거더의 캠버를 조정하는 방법은 무엇인가?

RC 단순거더는 자중에 의해 정의 휨모멘트를 받기 때문에, 하방으로 휘어지는 경향을 보인다. 반면에 PC 단순거더의 경우에는 자중과 프리스트레스에 의한 휨모멘트가 동시에 작용하기 때문에, 변형은 이들을 합성한 휨모멘트의 크기와 방향에 의해서 결정된다. 프리스트레스 자체의 휨모멘트를 부여하기 위해서는 먼저 자중을 포함한 전체 설계하중의 휨모멘트를 확인한 후, 필요한 범위까지 감소시키는 정도의 크기와 방향을 부여하게 된다. 따라서 일반적인 프리캐스트 거더의 경우에는 앞에서 설명한 합성 휨모멘트는 부의 값이 되고 변형은 위쪽으로 굽은 캠버의 경향을 보인다.

이러한 캠버 변형은 정확한 설계가 이루어진 PC 거더에서는 피할 수 없는 것이며, 더구나 모멘트 크기가 변화하지 않는 한 콘크리트 크리프에 의해 시간 경과와 함께 증대한다.

프리캐스트 거더를 적용한 PC 교량은 많은 시공 실적을 가지고 있는데, 일반적으로 이들 공사에서는 프리캐스트 거더를 제작한 후, 사하중이 작용하기까지의 시간은 짧더라도 2개월 정도 소요된다. 따라서 거더 제작 단계에서 거더의 상방향 캠버를 고려하지 않고서 공사를 진행하면 상방향 캠

비가 의외로 크게 되어, 2경간 이상의 교량에서는 경간별로 반달모양이 되어 계획고 설정 및 포장 시공 등에 문제를 야기한다.

따라서 이러한 문제를 피하기 위해서는 거더 상면이 어느 시점에서 평평해지도록 하는 제작 방법을 취하지 않으면 안 된다. 일반적으로는 다음의 두 가지 방법이 적용되고 있다.

첫 번째 방법은 주로 프리텐션 거더에 적용되고 있는 것으로써, 캠버가 발생했을 때에 평평해지도록 하기 위한 여분의 역캠버(거더의 단부가 가장 높아지도록 하는 형상)를 거더의 상면에 미리 반영해서 설치하는 방법이다. 이 방법은 기존의 거더 제작대를 개조할 필요는 없으나, 겉보기의 거더 높이가 본래의 거더 높이에 여분의 두께를 가미한 높이가 되도록 해야 하는 점(받침 높이의 조정이 필요), 콘크리트 양이 여분의 양만큼 증가하는 점 등이 단점이다.

또 다른 방법은 주로 포스트텐션 거더에 적용되는 것으로써, 처음부터 하향 캠버 형상의 거더 제작대를 준비한 다음에 거더를 하향 캠버 형상으로 만드는 방법이다.

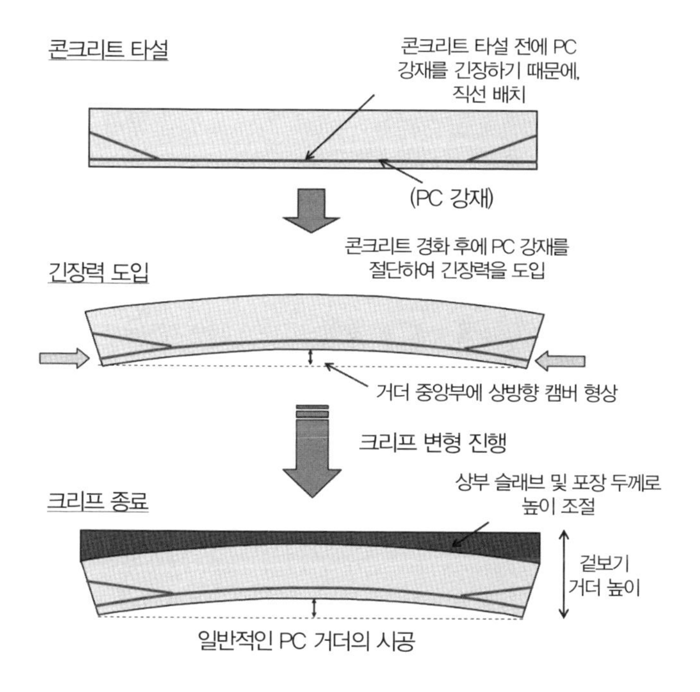

일반적인 PC 거더의 시공

Q PC 거더는 어떻게 하여 횡좌굴을 일으키는가?

스팬이 40m를 초과하는 프리캐스트 I형 거더 가설 시에 횡방향 좌굴 대책은 성가신 문제이다. 여기서 다루고자 하는 횡방향 좌굴 사례는 필자가 소속한 일본의 한 기업체에서 인용한 것이다.

이 교량은 거더 길이가 46m, 가설기 용량으로 인해 중량을 가능한 한 줄이기 위해 상하 플렌지폭을 1.05m, 0.6m로 제한하였으며, 거더 높이는 2.8m로 정하였다. 그렇더라도 거더 중량은 146t으로 대형 거더에 해당한다.

가설 방법은 가설거더를 이용한 것으로써, 거더 상면에 설치한 이동식 대차를 이용하여 설치할 거더를 인출하여 해당 교각에 도달시킨 후, 교각

위에 세워둔 문형 크레인을 이용하여 고정시키는 표준적인 가설공법이다. 들어 올리는 장치는 거더 상면에 강제 빔을 PC 강봉으로 체결하고, 별도로 준비해둔 PC 강봉으로 크레인의 인양장치와 연결하는 방식이다.

사고는 거더가 교각에 도달한 후 크레인으로 인양하여 설치하는 도중에 발생하였다. 지간중앙 부근의 횡방향 캠버가 급증하여(육안으로 측정한 경우 약 10~15cm) 작업을 중단하고 상황을 지켜보기로 하였다. 그 상태에서 옆으로 기울기 시작하였으며, 이로 인해 인양장치의 PC 강봉이 절단되면서 거더 전체가 낙하하게 된 것이다.

사고 보고서에 의한 추정 원인은 제작 시의 횡방향 캠버가 5cm 정도 있었던 점, 일조에 의한 온도차(외기온도 40°C, 쾌청)가 횡방향 캠버를 더욱 조장한 점, 거더의 기울기에 인양장치가 따라 움직이지 않고 무언가의 구속력이 작용한 점 등이다.

이미 동일한 순서로 여러 개의 거더 가설이 이루어졌기 때문에 그 원인을 특정하기는 곤란하지만, 앞에서 언급한 원인이 서로 영향을 미친 것만은 분명한 것으로 판단된다.

PC 거더의 가설작업에서 횡방향의 안전성을 검토하는 경우, 일반적으로 Lebelle의 계산식에 의해 검토한다. 이 방법은 횡방향 좌굴을 유발하는 한계 하중에 관한 계산식이며, 거더단부의 지지조건(인양장치의 구속조건), 안전율의 설정에는 기술적인 판단을 필요로 한다. 덧붙여서 이 교량의 경우 인양 상태에서의 안전율은 약 2 정도였으며, 일반적으로 권장하는 안전율은 4인 것에 비하여 불충분하였다.

사고 방지 대책은 다음과 같다.

① 횡방향의 강성이 높은 단면을 선정
② 고강도 콘크리트 사용으로 자중 저감
③ 거푸집 느슨함의 방지
④ 거더 측면에 H 형강을 추가로 배치
⑤ 굵은 철근을 플랜지의 선단부에 배치

이 중에서 설계단계에서 대응이 가능한 ①, ②가 실제적인 방법이라고 할 수 있다.

Q 강교의 주류라 할 수 있는 프리캐스트 슬래브의 장점은 무엇인가?

강교 분야에서도 내구성 및 경비절감 등의 요구로 인해 신기술 개발이 요구되고 있다. 그에 대한 사례로 프리캐스트 슬래브를 들 수 있다.

이미 일본의 제2 토메이 고속도로에서는 급속시공 및 대규모 발주에 따른 합리화 시공법, 거더 연장 확대에 따른 경비 절감이 공통 과제로 다루어졌으며, 현장타설 RC 슬래브를 프리캐스트 PC 슬래브로 변경하여 발주하는 등 발주공사를 통하여 프리캐스트 슬래브의 다각적인 검증이 가능한 상황이 되었다.

한편 간선도로에 설치되어 있는 강교의 RC 슬래브는 공용 개시 후 10년 정도에서 이미 손상이 발생하기 시작하여 보수 및 보강을 실시해야만 하는 상황에 이른 것도 적지 않았다. 공용 중인 슬래브를 보수 또는 보강하는 경우에는 교통 장애를 최소한으로 억제하기 위해 공기 단축을 꾀하는 것이 무엇보다 중요한 조건이며, 이러한 관점에서 프리캐스트 슬래브가 필연적으로 대두된다.

슬래브는 현장타설 슬래브와 프리캐스트 슬래브로 구분된다. 또한 프리캐스트 슬래브는 RC 구조 및 PC 구조로 다시 구분된다. 그 외에 강-콘크리트의 합성구조, PC 합성슬래브 등도 사용된다.

여기서는 각종 슬래브의 내구성, 신뢰성, 보수성, 시공성에 대해서 요약하였다.

① 내구성에 대하여

슬래브의 내구성은 균열 발생에 의해 급속히 저하한다. 슬래브 균열의 특징은 휨에 의해 발생하는 것보다도 건조수축·비틀림·전단에 의한 초기 균열이 공용(이동) 하중하에서 관통균열로 발달하여 물이 침투하기도 하고, 반복 재하에 의한 영향으로 전면적으로 확대되기

도 한다. 따라서 초기 균열이 발생하기 어려운 PC 구조를 선정하는 것이 바람직하다고 할 수 있다.

② 이음구조의 신뢰성에 대하여

프리캐스트 슬래브에서는 슬래브간의 이음부가 발생하는데 그 숫자도 많아진다. RC 이음부의 경우에는 극한내력을 확보하더라도 균열 저항성이 떨어지는 경향이 있는 반면에, PC 이음부는 이러한 측면에서 RC보다 우수하다고 할 수 있다.

③ 보수성에 대하여

프리캐스트 슬래브의 부분 교체를 고려하는 경우에는 PC 이음부가 곤란한 부분으로 인식하는 경향이 크다. 그러나 프리캐스트 슬래브의 손상 중에는 차량 충돌 등에 의해 손상이나 균열손상 등이 발생하는데, 이 경우에 교통 통행상의 문제점으로 인해 슬래브의 부분 교체 공사보다도 보수공사를 선택하는 경향이 크다. 이는 슬래브에 대한 보수·보강공법의 종류도 다양하며 특히 보수공사 실적이 많은 점에 기인한다.

④ 시공성에 대하여

프리캐스트 슬래브의 시공성을 현장 타설공법과 비교하면, 작업 공기 약 65% 절감, 작업자 수 약 50% 절감이 가능한 것으로 알려져 있다. 또한 하루당 소요 작업자 수가 수 명 정도인 점이 프리캐스트의 큰 장점이라고 할 수 있다.

프리캐스트 부재끼리 접합하는 기술은 무엇인가?

RC 구조물 시공은 현재까지도 현장타설 공법이 주류를 이루고 있다. 교량 구조물 시공도 고정 지보공을 설치하고 그 위에서 현장타설 공법으로 시공하는 것이 일반적이다. 이렇게 RC 시공법은 거의 큰 변화가 없는 상태에서 오늘날까지 흘렀다.

한편 PC에서는 그 기술적인 특성이 널리 알려지면서 프리스트레스 도입이 프리캐스트(PCa) 부재들끼리의 접합에도 매우 유효한 것으로 이해되었으며, 이러한 특성으로 인해 PC 구조물의 다양한 시공법에도 크게 공헌하게 되었다.

PC가 프리캐스트 부재접합에 유효성을 발휘하는 것은 PC 기술자 간에는 초창기부터 알려져 있었으며, 블록 공법 또는 세그먼트 공법의 이름으로 소규모의 포스트텐션 T형 거더 등에 적용되고 있었다. 당시의 블록 공법의 특징은 길이 4~5m의 프리캐스트 블록을 공장에서 제작한 후 가설 위치에서 하나의 거더로 조립하는 방법인데, 접합부에는 두께 4~5cm의 모르터가 충전되고 이것이 경화한 후에 프리스트레스를 도입하는 모르터 접합방식이었다. 초창기의 접합부에는 관통하는 철근이 설치되지 않았다. 이러한 방식의 블록 공법은 1960년대 후기까지 계속되었다.

프랑스에서는 1963년에 세느강에 가설이 시작된 슈아지르루아(Choisy-le-Roi)교(130m, 연속라멘 박스거더)가 세계 최초로 이음부 재료에 에폭시 수지를 사용하여 시공되었다. 이 교량은 프리캐스트 세그먼트를 사용하여 인출식 가설이 진행되었는데, 이음재료에 접착제를 사용함으로써 1일 4블록 정도의 가설을 실시하였다. 현장타설 공법인 디비닥 공법과 비교하여 3~4배의 가설속도가 가능한 것을 증명해 보였다. 이 교량의 성공적 시공에 의해 1964년에는 피에르 베니트(Pierre Benite)교(250m, 연속 박스거더), 올레롱(Oléron)고가교(2,862m, 연속 박스거더 해상교량)가 시공되어, 접착제를 사용한 프리캐스트 블록 공법 기술이 확립되었다.

일본에서도 이들 교량 시공현장에 많은 기술자들이 견학을 다녀왔으며, 에폭시 수지를 이용한 이음부 시공의 합리성이 널리 이해되었다. 1966년에는 일본수도고속도로의 메구로 고가교, 1967년 동경도의 타마교, 1968년 호쿠류쿠 본선의 나타치 교량, 1970년대에 들어와서는 산요신칸센의 카코가와 교량, 오카야마현의 코오노시마 대교, 도호쿠지방도의 에츠다 교량 등에서 프리캐스트 블록 공법의 이음재료로 에폭시 수지를 표준으로 사용하게 되었다. 이 방식은 T형 거더의 블록 공법에도 확대 적용되면서 현재에 이르고 있다.

Q 건축구조물의 기둥-보 접합에 사용되는 PC 압착공법이란?

콘크리트를 사용한 대형 창고, 대형 경기장, 대형 전시장 등의 계획에서는, 먼저 구조체 전체를 프리캐스트화하는 것이 가능한지의 관점에서 검토가 시작된다. 그리고 결과적으로는 대형 프리캐스트 PC 구조가 적용되는 예가 증가하고 있다. 이러한 경향은 건설 전 분야에 공통된 것으로써 현대의 사회적 요청에 기인하는 것이라고도 할 수 있다.

프리캐스트화에서 필수 불가결한 기술은 프리캐스트 부재들 간의 접합인데, 건축에서는 구조적으로 입체 라멘이 많기 때문에 교량 등과는 다소 차이가 나는 접합법이 시도되고 있다.

일본건축학회의 『PC구조 설계·시공기준 및 동해설』과 일본토목학회의 『콘크리트 표준시방서』를 비교해보자. 토목에서는 접착제 이음부를 용인하고 있는 점, 접합키가 필요한 점, 모르터 접합부의 경화전 압착(요철면 조정)에서는 접착제 이음부와 동일하게 취급하고 있는 점 등이 있다. 건축에서는 사용 전단력에 대해서는 접합면의 마찰력으로 저항하게 하고 있으며, 압착면에 작용하는 유효 압착력의 최소치를 규정하고 있는 점이 눈에 띈다.

압착 접합의 규정에는 상기의 내용 정도만 수록되어 있는데, 실제 프리캐스트 건축에서는 접합구조의 선정을 다음과 같이 고려하고 있다. 입체 라멘에서는 3차원 방향의 압착 접합이 통상적이며, 시공오차를 흡수하기 어려운 접착제 이음 선정은 문제가 있다는 것이다. 또한 프리캐스트화의 이점을 잃지 않기 위해 비교적 두께가 얇은 이음이 가능한 조강 모르터를 선정하는 경향이 있다.

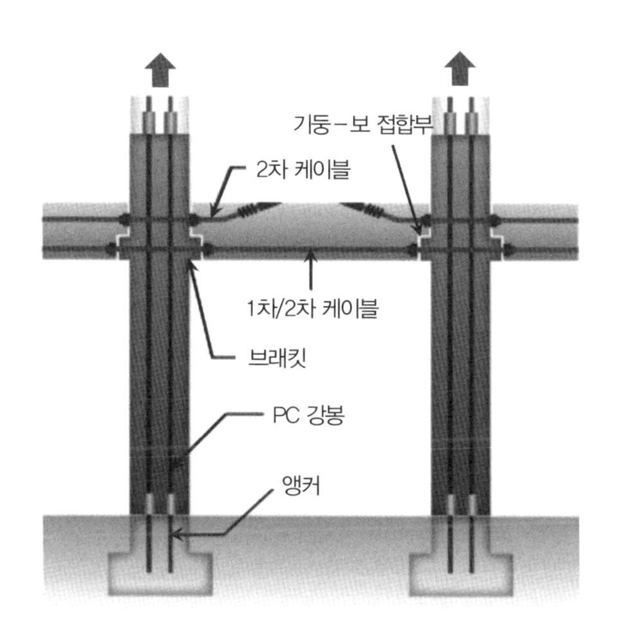
기둥-보 접합부
2차 케이블
1차/2차 케이블
브래킷
PC 강봉
앵커

PCa
부재
접합
PCa
부재
어떻게?
Tad

기둥-보 접합의 일례로써 요코하마 국제 경기장의 경우를 소개한다. 이 구조물은 다경간 라멘 구조인데, 기본 패턴은 기둥에 브래킷을 설치하여 보(공장에서 1차 긴장력 도입)를 가설치한 상태에서 이음부를 모르터로 충전한다. 모르터가 경화되기 전에 2차 긴장(접합 목적의 프리스트레스)하여 기둥-보를 압착 접합한다. 토목에서 적용하는 모르터 이음 시공법을 준용하고 있다고 할 수 있다.

이 방식의 이점은 ① 기둥에 브래킷을 설치하여 지진 시 접합부의 모르터가 압괴되는 경우에도 보의 지지가 가능한 점, ② 소성 힌지의 형성이 용이하여 감쇠성이 좋아지는 점, ③ 탄성변형이 누적되지 않는 점, ④ 임의 경간에서의 분할 시공이 용이한 점 등을 들 수 있다.

Q 상수도 배수지 등의 수조에는 왜 PC 구조가 적용되고 있는가?

일본에서의 PC 수조는 비교적 PC 기술 도입 초기부터 시공 실적이 확인된다. 예를 들어, 요코하마시 코야스의 상수용 배수지 등이 초기(1957)의 대표적인 PC 수조이다.

상수용 수조를 계획하는 경우에는 ① 구체에 균열 발생 등에 의한 물의 유출입이 없어야 하는 점, ② 구체 자체의 유지관리비가 적어야 하는 점, ③ 건설비가 높지 않아야 하는 점 등이 필수적으로 요구된다. 콘크리트 구조의 경우에는 ②와 ③은 만족하더라도, ①의 초기 균열을 방지하기에는 어려움이 있다. PC 기술은 시공 초기에 긴장을 가하는 등의 방법을 적용함으로써 초기 균열을 어느 정도 해소할 수 있으며, 장기적으로는 풀 프리스트레싱 상태로 둠으로써 RC에 비해 균열 발생 확률을 현저하게 저감시킬 수 있는 등 균열 문제에서는 최적의 기술이다.

수조와 같은 원통형 용기에 대한 응력 거동 검토는 비교적 단순하다. 즉, 저수한 상태의 용기에 대해서는 측벽의 주단면력은 접선방향으로 작용하는 인장력(hoop tension)과 종방향(높이)으로 작용하는 휨모멘트뿐이다. 이 휨모멘트는 측벽하단과 저판과의 결합구조(강접합, 핀접합, 슬라이드식)에 의해 그 크기와 방향이 변하게 된다.

이러한 단면력에 대항하기 위해서는 후프텐션에 대해서는 PC 케이블을 수평방향으로 배치하여 긴장함으로써 후프 컴프레션을 가하여 상쇄시키는 방법을 취하며, 종방향의 휨모멘트에 대해서는 PC 강봉을 연직방향으로 배치하여 PC 빔으로 대체한 관용적인 설계로써 응력검토를 수행하고 있다. 또한 덮개를 설치하는 경우에는 측벽과의 접합으로 인해 측벽에 단면력이 발생하게 되는데, 대부분의 경우 측벽의 정상부에 링 빔을 설치하여 측벽과 동일하게 후프 컴프레션을 가하는 것으로써 대응하고 있다.

이상에서 설명한 것처럼 지진 시를 제외하면 대칭구조물에 대칭하중이 작용하고 PC 강재의 배치에서도 대칭성을 가지기 때문에, 원통형 수조는 PC 공법을 가장 유효하게 활용한 구조물이라고 할 수 있다.

상기에서 설명한 프리스트레스 효과를 잃어버리지 않은 상태에서 측벽 시공을 더욱더 합리적으로 수행하기 위해, 측벽을 종방향으로 분할한 형상의 프리캐스트 부재를 배치하는 방법은 이미 1960년대 말에 일본 간사

이 지방에서 시도되었다. 그러나 현장타설 공법을 단번에 개선할 만한 발전 없이 약간 제자리걸음을 한 후, 최근 10년 이래에 새롭게 개선된 프리캐스트 수조들이 많이 적용되었다. 또한 주택단지 등에서 볼 수 있는 고가수조(elevated tank)도 원통형 수조의 연장선상에 있는 것들인데, PC 구조가 많이 적용되고 있다.

최근에는 하수처리장에서도 독특한 형상을 가지는 PC 용기가 눈길을 끌고 있는데, 바로 PC 계란형 정화수조이다. 오니(sludge) 정화를 목적으로 한 수조인데, 오니 정화 시에 발생하는 메탄가스 에너지를 모으기 때문에 필연적인 형상이라고 할 수 있다. 이 구조도 기본적으로는 수조와 동일한 개념이다.

Q 해양구조물에는 PC 기술이 어떻게 사용되고 있는가?

해양 관련 구조물을 크게 구분하면 해안·항만구조물(수심≤20m)과 해양구조물(수심≥20m)로 구분된다. 해안·항만구조물에는, 안벽, 방파제, 잔교, 침매터널 등이 있으며, 해양구조물에는 소파제, 부방파제, 바지(barge), 부교, 해저 저류·석유채굴 시설 등을 들 수 있다.

안벽 등에 많이 사용되는 콘크리트 케이슨은 내부에 토사 등을 충전한 표준적인 중량 구조물로써, 파력 및 배면 토압에 저항하는 구조이기 때문에, 함체 자체가 PC 구조로 바뀔 가능성은 거의 없다. 잔교는, 1995년의 고베대지진 시 케이슨에 비해 높은 내진성으로 주목받았는데, 잔교 자체가 교량 형식이기 때문에 PC 구조로써의 적용성이 제안되었으며, 오늘날에는 시공 속도 및 경제성 측면에서 PC로 이행하는 경향이 보인다. 또한

널말뚝 형식의 호안에서도 강재 널말뚝에서 PC 널말뚝으로 바뀌는 경향이 있다. PC 널말뚝은 강재 널말뚝과 달리 임의의 단면 형상을 선정할 수 있으며, 휨강성도 높기 때문에 단면력이 클수록 적용성이 높은 것으로 평가된다. 그렇지만 상기와 같은 적용 예들은 PC 부재의 특성을 이용한 것이라고 보기에는 부족한 점이 있다.

한편 최근에는 PC 기술을 도입한 다양한 구조물을 볼 수 있다. 해저부에 고정시키는 구조물로써는, 침매터널, 곡면형 슬릿 케이슨, 해저 저류·석유체굴 시설 등이 있다. 그리고 부체식 구조물로써는, 부잔교, 부방파제, 콘크리트 바지, 부교 등이 있다. 이들은 모두 PC의 특성을 살린 새로운 형식의 구조물이라 할 수 있다.

침매터널은 해저터널 시공법의 일종인데, 방수를 위한 프리캐스트 함체의 PC화뿐만 아니라, 함체 간의 접합에도 PC 기술을 적용하고 있다. 곡면형 슬릿 케이슨은 전면에 곡면형상의 슬릿을 설치하여 방파 및 소파를 비롯한 다양한 목적으로 제작된 케이슨으로써, 곡면형 슬릿 부재의 보강, 케이슨과의 접합부 등에 PC가 적용되고 있다. 초대형의 석유채굴시설은 이미 북해지역 등 여러 곳에 설치되어 있는데, 강재와 PC의 복합 구조로 되어 있으며 분할 시공에 의해 해상에서도 구축될 수 있을 뿐만 아니라, 부재 접합에도 PC 기술이 중요한 역할을 차지하고 있다.

또한 여러 가지 부체식 구조물들은 대부분 콘크리트 함체를 부체로써 이용하고 있기 때문에, 부재의 보강 및 균열 방지 측면에서 PC 구조가 많이 사용되고 있다. 함체를 접합하는 경우에도 PC의 압착공법이 시행되고 있다.

향후에 개발이 기대되는 것으로는 해상 인공 지반이 있다. 주된 용도로는, 예를 들어 쓰레기 처리용 플랜트, 하수처리장, 해양발전 플랜트, 해상 화력발전소, 해상 헬기 발착장, 해상 공항 등이 고려되고 있으며, 콘크리트를 이용하고자 하는 경우에는 PC 기술이 필수 불가결하다.

Q 공항포장에도 사용되고 있는 PC 포장이란 어떤 것인가?

1960년대 후반까지는 일본의 도로 포장률은 낮은 상태였는데, 그중에서 콘크리트 포장이 차지하는 비율은 최대 60% 정도였으며, 콘크리트 포장이 통상적인 포장이었다. 그러나 그 후의 도로정책은 도로 전체에 대한 포장율을 높이기 위해 중점을 두었기 때문에, 초기 투자액이 낮고 공기가 짧으며 단계적인 시공이 용이하고 고도의 시공기술이 필요하지 않는 등의 이유로 인해 아스팔트 포장이 선택되었다.

한편 PC 기술의 시각에서 포장을 보게 되면, 1958년에 오사카시 우츠보 공원도로에서 일본 제1호의 PC 포장이 시공되었다.

아스팔트 포장, 콘크리트 포장, PC 포장의 특징에 대하여 각각 정리하면 다음과 같다.

먼저 아스팔트 포장은 아스팔트 혼합층, 기층, 노반, 노상층으로 구성되며, 각 층의 탄성계수비는 2~5로써 서로 유사한 정도의 작은 값이기 때문에, 가요성 포장이라고 일컬어진다. 교통 하중은 주로 노상부에서 받게 되며, 노상부 강도의 불균질성 및 장기적인 변화 등이 가용성 포장의 내구성을 크게 지배하게 되어 내구연한은 보통 10년 정도로 알려져 있다.

콘크리트 포장은 콘크리트 슬래브, 노반, 노상으로 구성되는데, 콘크리트 슬래브와 노반의 탄성계수비는 600 정도로 크기 때문에 교통하중은 주로 콘크리트 슬래브에서 받게 되며, 이를 강성포장이라고도 한다. 콘크리트 슬래브는 무근 콘크리트이기 때문에 한 번 균열이 발생하게 되면 구조 기능을 잃어버릴 가능성이 높고, 또한 허용처짐량이 작기 때문에 내구성 측면에서는 노반에 대한 균질 시공이 요구된다. 내구연한은 보통 20년 정도이다.

PC 포장은 콘크리트 포장과 동일한 구성인데, 슬래브 두께를 얇게 하여, 슬래브의 중심(도심)에 2방향의 프리스트레스를 가하고 있기 때문에, 슬래브 하연에 균열이 발생하더라도 무하중이 되면 균열이 닫히게 된다. 이로 인해 PC 포장은 슬래브 하연에 무수히 많은 탄성힌지를 가지는 가요성 포장의 성질을 갖추게 된다. PC 포장은 아스팔트 포장과 콘크리트 포장의 장점을 잘 살려낸 것이기 때문에 노반, 노상에 대한 제약조건도 크지 않으며, 내구연한은 보통 30~50년 정도로 알려져 있다.

PC 포장은 주로 터널 내 포장, 공항 포장, 항구 내의 컨테이너 야적장 등에서 시공 실적이 많다.

터널 내에서는 용수문제, 명색성(pleochroism), 내구성, 내마모성 등으로 인해 PC 포장이 바람직하다. 공항포장에서는 큰 윤하중 이외에도 소성변형 및 기름 등에 대한 내유성 문제로 인해 에이프런 포장(하역작업 공간부의 포장)에 많이 적용된다. 컨테이너 야적장에서는 컨테이너의 대형화로 인해 4점 지지 방식에서 1지점의 반력이 60t 정도나 되어, 필연적으로 PC 포장이 선택된다. 최근의 실적 예를 살펴보면, 공항과 컨테이너 야적장에서는 매립 및 성토 부지에 계획되는 경우가 많기 때문에 프리캐스트 PC 슬래브가 채용되고 있으며, 침하에 대해서는 간단한 잭업 등으로 보수할 수 있는 대책공법이 강구되고 있다.

Q PC 기술을 기반으로 한 그라운드 앵커는 무엇인가?

그라운드 앵커는 그 기준을 제정한 시점을 실용화 시점으로 보면, 일본의 경우에는 '가설앵커 기준, 일본토질공학회'는 1976년, '영구·가설앵커 기준, 일본토질공학회'는 1988년이다. 이를 1955년에 적용된 PC와 비교하면 20~30년 정도의 시간적 차이가 발생한다. 그러나 이미 성숙한 PC 기술 기반이 있었기 때문에, 그 후의 보급 및 발전은 눈부실 정도였다.

그라운드 앵커의 주된 적용 분야로써는 사면 안정공, 지반활동 억지공, 토류벽 공법, 댐의 암반보강, 교량의 앵커리지, 높은 건물 및 탑 구조물의 전도 방지공, 지하구조물의 지하수 양압력 억지공 등이다.

그라운드 앵커를 이해하기 위해서는 PC 기술과 비교하는 것이 이해하기 쉽다.

먼저 유사점은 다음과 같다.

① 양자 모두 텐던으로는 PC 강재를 사용하며, 잭으로 긴장력을 가하여 프리스트레스를 도입하고 있다.
② 긴장 측의 정착에는 PC 정착구를 사용한다.
③ 긴장 완료 시까지는 텐던에 자유장 부분을 두고 있다(긴장 에너지의 확보).
④ 텐던의 방식 대책을 강구하지 않으면 안 된다.

다음으로 차이점은 다음과 같다.

① 긴장 방법이 원칙적으로 다르다. PC는 원칙적으로 양쪽에서 긴장, 앵커는 한쪽에서만 긴장한다. 그리고 앵커의 고정단은 그라운드에 의해 지반 내에 영구적으로 묻어두고서 정착을 취하는 형식이다.
② 프리스트레스의 도입 대상이 다르다. PC는 콘크리트 부재이며, 앵커는 자연 지반이다.
③ 프리스트레스의 도입응력의 크기가 다르다. PC는 평균응력도가 30~50kgf/cm^{2}인 것에 비하여, 앵커는 1~3kgf/cm^{2}으로 10배 이상 차이가 있다.
④ 프리스트레스의 도입 목적이 다르다. PC는 콘크리트 부재에 대하여 응력적인 보강을 위한 것인 데 비하여, 앵커는 ⓐ 사면안정공, ⓑ 지반활동 억지공, ⓒ 토류벽 공법 등 지반안정을 꾀하기 위한 것이다. 지반 안정이란 이동 가능성이 있는 토괴를 어느 정도 견고하게 하여 그 토괴를 지지층 지반에 고정시키는 것으로써, 설계적으로는 활동

력보다 더 큰 마찰력으로 지지(ⓐ, ⓒ)하거나 토괴를 텐던의 인장력으로 고정(ⓑ)시키는 방법이다.

이상의 비교로부터, 그라운드 앵커는 PC 기술을 기반으로 한 기술이라는 것을 쉽게 이해할 수 있을 것이다.

참고문헌

1. 콘크리트의 재료

1) 山田原治·有泉昌：わかりやすいセメントコンクリートの知識, 鹿島出版会.
2) 町田篤彦：コロセウム·ボンペイ, コンクリート工学, Vol.31, No.1, 1993.
3) 三浦 尚：土木材料学, コロナ社.
4) セメント協会：セメントの常識, 1996.
5) 需給概況, セメント·コンクリート, No.598, 1996.12.
6) JIS R 5210：ポルトランドセメント.
7) 佐藤雅男：多用なニーズに応える特殊セメント, セメント·コンクリート, No.535, 1991.
8) 土木学会：平成8年制定コンクリート標準示方書；施工編; ダム編, 1996.
9) 石田 誠：混和材料, コンクリート工学, Vol.31, No.3, 1993.3.
10) 竹島敏正：砂利·砂, コンクリート工学, Vol.34, No.7, 1996.7.
11) 遠山信彦：骨材, コンクリート工学, Vol.31, No.3, 1993.3.
12) 河野広隆：再生骨材, コンクリート工学, Vol.34, No.7, 1996.7.

13) 土木材料実験教育研究会編：新示方書による土木材料実験法, 鹿島出版会, 1996.
14) 大成建設技術開発部：コンクリートのはなし, 日本実業出版社, 1995.
15) 山崎 武, 三浦宏一：たのしく学ぶセメント·コンクリート, セメント協会.
16) 笠井芳夫, 小林正几：セメント·コンクリート用混和材料, 技術書院.
17) セメント協会：コンクリート技術者のためのセメント化学雑論.
18) 用語辞典編集委員会編：コンクリート用語辞典, 日本コンクリート工学協会.

2. 다양한 콘크리트

1) 日本規格協会：JIS ハンドブック土木, 1996.
2) 河野 清, 他：新しいコンクリート工学, 朝倉書店, 1988.
3) 中川良樹 ：水中コンクリート, コンクリート工学, Vol.31, No.3, 1993.3.
4) 万木正弘 ：マスコンクリート, コンクリート工学, Vol.31, No.3, 1993.3.
5) 喜多達夫, 他：暑中·寒中コンクリート, コンクリート工学, Vol.31, No.3, 1993.
6) 玉井元治：透水性コンクリート, コンクリート工学, Vol.32, No.7, 1994.
7) 大成建設技術開発部：コンクリートのはなし, 日本実業出版社, 1995.
8) 小林一輔：最新コンクリート工学, 森北出版, 1992.

9) 西村, 藤井, 湊：最新土木材料, 森北出版, 1975.
10) 村田二郎：コンクリート技術100講, 山海堂, 1995.
11) 町田篤彦編：現代土木材料, オーム社, 1990.
12) 田村, 近藤：コンクリートの歴史, 山海堂, 1984.
13) 用語辞典編集委員会編：コンクリート用語辞典, 日本コンクリート工学協会.
14) 土木学会：平成8年制定コンクリート標準示方書；施工編；ダム編, 1996.
15) JIS A 5308-1996：レディーミクストコンクリート.

3. 강재·콘크리트의 중요한 성질

1) 小林一輔：最新コンクリート工学, 森北出版, 1976.
2) 西村, 藤井, 湊：最新土木材料, 森北出版, 1975.
3) 村田二郎：コンクリート技術100講, 山海堂, 1993.
4) 町田篤彦編：現代土木材料, オーム社, 1990.
5) 谷川恭雄, 他：構造材料実験法, 森北出版, 1980.

4. 콘크리트 구조물의 설계와 시공

1) 町田篤彦編：現代土木材料, オーム社, 1990.
2) 吉川弘道：鉄筋コンクリートの解析と設計, 丸善, 1995.
3) 山口温朗 ：ダムコンクリート, コンクリート工学, Vol.31, No.3, 1993.3.
4) 水資源開発公団富郷ダム建設所：吉野川水系銅山川富郷ダム；パ

ンフレット
5) 多田宏行 ： 道路舗装の動向, セメント·コンクリート, No.596, 1996.10.
6) 佐藤勝久, 阿部洋一 ：最近のコンクリート舗装のトピックス, セメント·コンクリート, No.587, 1996.1.
7) セメント協会：軽交通道路のための転圧コンクリート舗装, 1995.
8) 土木学会：平成8年制定コンクリート標準示方書；施工編；ダム編；設計編, 1996.
9) 用語辞典編集委員会編 ： コンクリート用語辞典, 日本コンクリート工学協会.

5. 프리스트레스트 콘크리트의 기본,
6. 프리스트레스트 콘크리트의 이용

1) 猪設俊司 ：プレストレストコンクリートの設計および施工, 技報堂, 1957.
2) 岡田 清, 神山 一 ：プレストレストコンクリートの設計, 国民科学社, 1963.
3) 岡田 清, 藤井 学, 小林和夫 ：ブレストレストコンクリート構造学, 国民科学社, 1979.

저자 소개

우에다 신지(植田紳治)

1958년 도호쿠대학교 공학부 토목공학과 졸업
국립 키사라즈 공업고등전문학교 명예교수
코교쿠샤 공과단기대학교 강사

야지마 테츠지(矢島哲司)

1965년 시바우라 공업대학교 토목공학과 졸업
시바우라 공업대학교 교수 공학박사

호사카 세이지(保坂誠治)

1958년 도호쿠대학교 공학부 토목공학과 졸업
오리엔탈건설(주)·일본PC건설업협회 사무국장

감수자 소개

오오노 하루오(大野春雄)

1977년 일본대학교 이공학부 졸업
코교쿠샤 공과단기대학교 교수 공학박사
시바우라 공업대학교 겸임강사 토목학회펠로회원

역자 소개

박 시 현

국토안전관리원 안전진단본부 터널실장(現)
한국시설안전공단 특수교관리센터장
경남과학기술대학교 겸임교수(토목공학)
국토교통부· 교육부 R&D사업 연구책임자
한국건설기술연구원 지반연구부 선임연구원
일본 교토대학교 공학연구과 공학박사(토목공학)

재미있는 강재·콘크리트 이야기

초판발행 2021년 5월 24일
초판인쇄 2021년 5월 31일

저 자 우에다 신지(植田紳治), 야지마 테츠지(矢島哲司), 호사카 세이지(保坂誠治)
역 자 박시현
펴 낸 이 김성배
펴 낸 곳 도서출판 씨아이알

편 집 장 박영지
책임편집 박영지
일러스트 박원심
디 자 인 안예슬, 윤미경
제작책임 김문갑

등록번호 제2-3285호
등 록 일 2001년 3월 19일
주 소 (04626) 서울특별시 중구 필동로8길 43(예장동 1-151)
전화번호 02-2275-8603(대표)
팩스번호 02-2265-9394
홈페이지 www.circom.co.kr

I S B N 979-11-5610-917-4 (93530)
정 가 16,000원
ⓒ 이 책의 내용을 저작권자의 허가 없이 무단 전재하거나 복제할 경우 저작권법에 의해 처벌받을 수 있습니다.